U0144842

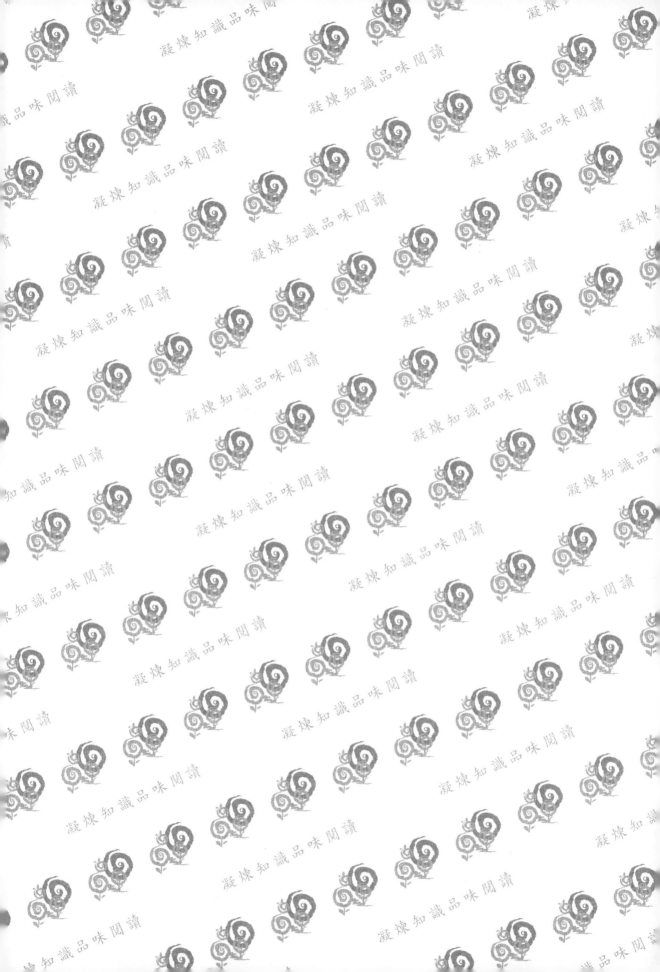

樹病學

張東柱、傅春旭　編著

五南圖書出版公司 印行

CONTENTS · 目錄

CHAPTER 1

緒 論

一、意義

　　樹病學（Dendropathology）是研究樹木病害的一門科學，其研究的範疇涵蓋樹木的疾病現象及病原菌與罹病植物互相之關係，包括病徵的表現與變化、發病之經過、被害狀態、鑑定其病原、探究罹病植物之形態、生理、理化學性質的變化、病原與罹病植物間基因的調控、腐朽的現象、病害防治的原理以及應用等的一門科學。廣義的樹病學，其研究對象除了林木外，尚包括花木、庭園樹、綠蔭樹、果樹、桑、茶等木本植物。如其對象僅限於林木，則與森林病理學（Forest Pathology）研究的範圍相同，二者幾為同義語。

　　森林病理學所研究的對象包括幼苗木和林木的疾病以及伐採後使用之木材的變色及腐朽等。後者之研究又稱作木材病理學或木材腐朽學（Lumber Pathology，Wood Pathology或Wood Product Pathology）。

　　森林病理學為植物病理學（Plant Pathology，Phytopathology）之一分科，因此在植物病理學及植物病害防治學上之各部分之原理及應用方面，一般來說也可以適用。但因森林與一般農業作物，在型態、生態、耕作、栽培及經營目的等各方面都有很大的差異，因此有許多在農業上應用之原理及方法，在森林病害上並不完全適用。

二、森林病理學之簡史

　　森林病理學的歷史，在德國人羅伯特・哈丁（Robert Hartig）以前，可說都屬於植物病理學的歷史。從年代來分，森林病理學研究的發展史可分作以下幾個時代：

（一）太古代（Ancient era）──由太古～第 5 世紀

　　本時代是人類文明之動搖期或科學濫觴時代，在植物病理學發展歷史，僅由一些宗教的書籍中可以發現植物的一些病害記載，古希伯來的經典中也提及了太古時代作物的露菌病、銹病、黑穗病等病害。古希臘時代偉大的哲學家亞里斯多德及其弟子泰奧弗拉斯托斯（Theophrastus）（當時的植物學家）在當時記錄下所觀察過的植物及植物病害。

（二）中古代（Dark or Middle era）──第 6 世紀～第 16 世紀

此時代亦稱黑暗時代，沒有特異的歷史。在約10世紀時住在西班牙Sevill地方之Aralian人Jbu-al-Awan爲一農業博學者精通希臘、羅馬及印度之典籍，以簡明方式記載多種的樹木、葡萄疫病及考察其預防方法等，可說是樹木病害最初之記載。顯微鏡之發明問世即在此一時代之後期。

（三）中世代（Premodern era）──1600～約 1850 年

此時代自然科學開始發達，同時植物學也大有進展。在病害之專書、疫病之分類、病原菌論、防治法等方面都頗有進展。此時代可分爲三個時代，即Renaissance period，Zallingerian period及Ungerian period。

1. 文藝復興時代（Renaissance period）──第17世紀。

德國人Johannis Coler（1600）記載樹木的腫瘍。爾後，Heinrich Hesse（1690）在其著作中，記述關於樹木腐爛病之原因，認爲係由於(1)引起炎症之汁液過剩(2)與從前不同位置之放置(3)接木用bred knife之三點所致。他也認爲樹木的潰瘍（canker on tree）係由於月亮和星座的關係。另外植物細胞之發現人Robert Hooke（1665），在其著作《顯微圖誌》（*Micrographia*）中，描述在薔薇黃色病斑上生活的生物圖說，和今日之銹病病原菌*Phragmidium*相當。

2. Zallinger時代（Zallingerian period）──第18世紀。

此時代是植物分類學甚爲發達，同時對疾病之分類或命名，病害的報告甚多，但樹病方面卻很少。

J. C. Riedel（1751）在其園藝著作中，論及癌腫之治療法，即推薦患部削除並塗蠟，但一方面又提及須除去樹木過剩之有害汁液，應樹幹穿孔或切根等可笑之事。

法人H. L. Duhamel DU Monceau（1759）在其著中論及榆樹發生萎凋病，即是現今所知之荷蘭榆樹病（Dutch elm disease），又提及小葉品種較難發病，可以說是最早提到樹木品種間有抗病性之差異的著作。

英人W. Forsyth（1791）提倡樹木及果樹之新法處理，稱爲Composition，在當時引起廣泛的注意及推廣。其法係先切除病患部，再以新鮮的牛糞1蒲式

耳（1 bushel）加上古屋之石灰屑0.5蒲式耳（0.5 bushel）、木灰0.5蒲式耳（0.5 bushel）、細河沙1/16蒲式耳（1/16 bushel），混和尿及肥皂水調成糊狀，用毛刷塗布患部，就如外科手術切除病患部，再處理樹木之患部。發表後，甚獲好評，也獲得英國皇室獎賞及俄國經濟學會推薦為會員，各國並翻譯其著作。

德人C.Buchsted（1772）認為樹木發生萎凋病及潰瘍病，係由於在不適當土壤密植而發生。

B. N. G Schreger記述樹木的枝枯病及潰瘍病係由凍霜害及肥料所致（亦即土壤條件不適、天候不良）。

3. Unger時代（Ungerian period）── 1807～1853年

此時生物的自然發生說風靡一時。

德人Theodore Hartig（1833）研究松材的腐朽，他即為Robert Hartig之父。

Wikkiam Chapman（1817）從事木材的菌害及白蟻危害之保存法的研究，為此方面最早之研究文獻。

J. H Kyan（1832）以昇汞液浸漬作為木材防腐法，在當時獲得世人高評價。

William Burnett（1838）利用鹽化鋅作為木材防腐劑。

John Burnett（1938）提出將雜酚油（creosote）注入木材之防腐法。

August Burnett（法人）受英國刺激，對木材防腐發生興趣，經多年苦心研究，發明利用硫酸銅加壓處理原木的防腐方法。以後在各國實用化，並被採用多年。

（四）近世代（Modern era）── 1853～約 1906 年。

此時代經由Louis Pasteur等人之努力，而確立了微生物之觀念。這段時期也是植物病理學確立的時代，而樹病學也在本期奠基發展。可分為二個時代：

1. Kuhn時代（Kuhnian period）── 1853～1883年

德人Heinrich Anton De Bary（1866）以實驗證實小麥（桿）銹病菌*Puccinia graminis*與小蘗之銹病菌*Aecidium berberidis*為同種之關係而發現了異同寄生性，菌類學及病理學都有很大的貢獻。

而丹麥學者Ander Sandoe Orsted（1867）研究菌類的完全世代及不完全世代之

關係，將龍柏類銹病菌*Gymnosporangium juniperi-sabinae*接種至梨的葉上，其結果發現了寄主輪迴現象。

法人A. Darbois De Juvainvill & Julien Vesque（1878）著述《果樹森林樹木病害論》。在其中記載土壤、氣象、傷痍、寄生植物等引起之各種病害。

德人M. Willkomm（1866）著《顯微鏡下的森林之敵害－病樹之知識》一書，其中記述了多種病樹。

可稱作病樹學或森林病理學之父的Robert Hartig，即為此時代之人。其祖父Georg Ludwig Hartig為普魯士之森林總監，係德國近代林業奠立基礎者。其父Theodore Hartig也是偉大的林學者、植物學者、及病樹學者。T. Hartig研究木材腐朽，受到Unger時代自然發生說之影響，認為腐朽材內菌類之菌絲與腐朽係自然發生。但係腐朽木材內有菌絲存在之最初發現人。

Robert Hartig，1839年生，二十歲即獲得學士，於1865年進入柏林大學就讀，於1867年獲得博士學位，1866年在Ebers Wald山林專門學校任講師，1871年升任教授，1878年轉至Munchen王立林業試驗所任植物部主任，至1901年10月9日在職中去世，享年62歲。R. Hartig（1874）年發表重要著作《Wichtige Krankheiten der Waldbanme》（森林樹木之重要病害）及《Die Zersetzungserscheinungen des Holzes der Nadelholzbaume und der Eiche》（針葉樹及橡樹之材質腐朽現象）等二書。前者正確的診斷了腐朽木材中之真菌菌絲與樹木上之菌類子實體之間的關係。後者為今日木材腐朽論之聖典，其有特定的菌類出現特定的腐朽型之明確實驗結果。1882年又出版了《Lehrbuch de Baumkrankheiten》（樹病學教科書），為森林病理學從植物病理學分科的開始。其他有關森林病理學之著作很多。由於他對現代森林病理學之奠基及偉大貢獻，H. H. Whetzel（1918）在其著作《An outline of the History of Phytopathology》（植物病理學史概要）中，稱R. Hartig為「森林病理學之父」（father of Forest Pathology）。

三、研究森林病理學之重要性

森林病理學研究之主要目的，即在探討疾病對樹木之影響以及病害之防治對

策。因此研究森林病理學即在研究如何減少因病害而引起之林木損失。

在廣大的天然林或人木林,乃至於公園、街路之樹木或庭園花木,一旦遭受病害侵襲,當發現病徵後,除初期外,可說是已經無法挽回,只能眼見其嚴重發病,甚至慘然枯死。森林病害常造成國家或個人之重大損失,這是我們所熟知的。

近幾十年來,全世界包括臺灣的天然林已逐漸砍伐殆盡,而逐漸重視造林之工作。而人工林之撫育工作上,對病害之觀察及作適當的處理,是非常重要的事情。尤其目前已由粗放林業進入集約林業的時代,更增加其重要性。由於人工林常係同一樹種,營造於廣大的地區,因此對病害傳播甚為有利;一旦病害發生,常如星火燎原,迅速蔓延開來後,造成不可收拾之局面。當樹林其生理狀態不良或環境因子對病菌發育適合時病害之傳播越為猛烈,因此病害防治為造林撫育上之重要工作,同時對育苗工作也同樣的重要。畢竟造林的目是為生產木材等產物或國土保安,為達成生產或保安作用,就需要保護以防止其損失。為防止病害造成的損失,則有賴於森林病理學上之原理及應用。

對於一些不易採取防治措施之病害(例如木材腐朽),經由相關之研究,也能減少其損失。茲舉數例,以說明森林病理研究工作之重要性。Spaulding(1948)針對美國罹患Nectria canker之山毛櫸林地(beech forest)做評估發現如不採取防治措施,由於病害之發生,預估在二十餘年內,現在有商品價值之山毛櫸林木(merchantable beech)會有半數以上枯死。此即為森林病理研究之成果,由此預測,可以採取適當之措施以減少經濟上之損失。

又如在日本北海道,對主要樹木病害之調查研究(小野,1964)知道各主要苗圃及造林地在一年中之病徵出現及病害發生時期,由此資料,可以早期製作病害防治曆,以決定在那一時期應該採取何種防治措施,以減少病害造成之損失。

又加拿大農部在1952年針對樹木年齡與病害關係的研究資料分析顯示,樹木在生長初期常感染苗期病害,而莖部癌腫病(canker)多發生於40年生以下之樹木,樹幹腐朽在40～80年生以上之樹木急劇增加,而在40年以下之幼齡木極少發生。萎凋病則在各種樹齡皆會發生。在40年生之樹木,其木材腐朽部分占20%,80年生占30%,120年生占48%,160年生占74%。

由此資料可知,如樹木於160年後砍伐,所得到的木材有74%為腐朽材,而健

全部分僅占26%。利用這些資料可訂出人工林之經濟輪伐期。

　　Hartley, Boycc et al（1933）之報告指出冷杉（*Abies gradis* Lindl., white fir）從幼齡木開始，其木材年生長量一值增大，至220年時最高，隨後逐漸降低。而年腐朽量則由80年起逐漸增加。到了280年，木材年生育量僅比年腐朽量大一點。到了300年木材腐朽量已超過生育量，此時林地每年的材積生長量呈負成長。到了340年時，木材之年腐朽材積已達新生長材積之五倍多。此項資料顯示，當樹木逐漸老化以後，其每年生長的材積遠較腐朽的材積為少，因此如為以木材生長為目的之林地，則決定其林木的砍發年齡是很重要的。

　　Wagener & Davidson（1954）指出冷杉（White fir）腐朽材之劣化與樹齡之關係，冷杉年齡越大，其平均總材積也越高，但隨著年齡越大，其腐朽造成之平均劣化材積也跟著提高，到300年樹齡時，雖然其平均總材積高達400餘立方呎（cubic feet），但腐朽劣化材積也達到300立方呎左右，故其實際可用材積只有100餘立方呎。基於以上之研究資料，即可訂出冷杉之經濟伐採年齡。

四、森林病害引起之損失

　　森林之損失，可由多種因子，如氣象、火災、盜伐、鳥獸、害蟲及病害等引起。其中病害為一項重要因子。對於病害造成之損失常以病害的致死效果而估算。例如在紐約的Syracuse地區，在1950年，有53,000株榆樹在街道兩旁，但由於荷蘭榆樹病（Dutch elm disease）之為害，到1980年只剩下不到300株。栗樹（Chestnut）一度曾是美國東部闊葉樹林之一主要組成樹種，卻由於栗樹枝枯病（Chestnut blight）之為害，如今只剩下一些無用途之灌叢狀樹種（brush species）。在臺灣，泡桐林地於1977年（林文鎮，1979）估計約有19,065公頃，其中私有林占64%。如照林務局之估計，國有林僅占1,179公頃。自發生簇葉病後，現在民間造林之泡桐僅見少數而已。主要原因為民國六○年代間，泡桐簇葉病發生嚴重，導致當年蓬勃發展的泡桐栽培業幾乎全毀。

　　雖然以上幾種發生較為嚴重之病害，無法代表整個森林病害相的全貌。根據1958年美國農業部發表於1952年調查之資料中顯示，在導致林業損失之各項因子

中，病害占45%、蟲害占19%、火災占17%、氣候因子占9%，其他10%。可見病害係造成林業損失的因子中最為重要的因子。

以上之損失估計係根據林地損失而估計，並未包括以下損失：

1. 木材砍伐後之產品因病菌、青變菌或木材腐朽菌造成之材質劣化，腐朽或分解劣化。

2. 病害對於環境因子之衝擊，例如：由於樹枯死引起之立地劣化，造成不想要的樹種發育或有害生物的建立族群；防風林地的大量枯萎散失原本防風定沙的功能；更嚴重的是大量的林木枯萎死亡，容易引發的山林火災特別是在乾旱的季節等。

3. 對於其他土地利用造成之衝擊，例如：土壤沖蝕、環境之美觀、森林遊樂、防風林、野生動物等。

4. 只包含商業性林地（commercial forest land）。

事實上森林病害造成之損失，除了以上之外，還包括：

1. 由於病害造成苗木死亡或品質不良，影響到預定之造林工作或試驗研究。

2. 由於病害發生，使得增加購買施藥之裝備、藥劑以及人工或其他防治措施等之額外支出。

3. 由於病害發生，欲得到足夠之苗木進行造林，必須開闢較大的苗圃，而增加了土地、種子、肥料、管理設施及人工之支出。

4. 由於病害發生，增加了補植、除草等造林撫育工作之開支。

臺灣之森林因病害而遭受之損失，迄今仍缺乏詳細的統計數字，但因臺灣之環境高溫多溼，相較於美國的大陸型氣候，更適於各種病原之滋生，故每年因病害引起之損失，更不在少數。

五、森林病害在自然界生態系之角色

早在希臘時代之哲學家泰奧弗拉斯托斯（Theophrastus），即已認識自然生態與栽培之農作物生態系不同。病害在自然生態系中，並不像在栽培作物上那麼具有毀滅性。在自然生態系中，我們也可以見到引起同樣病害之病原菌，其主要之作用

在淘汰了衰弱及不適應的個體。然而其傳播速度及可見的衝擊，由於物種的多樣性及同種間遺傳上之種種差異造成的緩衝作用而降低。

在自然生態系中，病原菌及寄主的族群長時間相處共同演化的結果，到一種平衡的關係。植物在自然界的族群，有物種、遺傳，和年齡的多樣性造成的差異。對於病原菌而言，很少或幾乎沒有自然淘汰壓力（selection pressure）。在此型式系統下，病害扮演的角色係淘汰（或消除）較不易活力的植物，使其所占據之空間退讓出來，並減少族群中的養分、水分等之競爭，普遍的致死性病害並不存在。因為某一種病原菌族群的迅速增加，將使得與其相對植物群之發展受到抑制，由於很難再找到寄主，從而抑制到病原菌本身族群之發展。相對的，某一種植物的族群如果迅速的擴展，可能危及生態系中其他成員的生存。此時，與此植物相對的病原菌族群也會相對大量增加，而對此一植物造成危害，並壓制其族群之過度發展，從而維持了生態系之物種多樣性。由此我們知道，在自然生態系中，病原菌與植物之間是呈現一種微妙的動態平衡。

因此表面上看來，或對於觀念上之誤解，將造成觀察者假定病害在自然森林生態系中並不存在，或是不像在栽培作物上那麼重要。但事實上，引起病害的因子之存在是造成自然生態系能夠維持平衡的重要部分。

一種新病害的引入，往往造成原先呈平衡狀態的自然生態系的改變。最顯著的例子，係栗樹枝枯病（Chestnut blight）之引入美國。栗樹在美國東部從緬因州（Maine）到喬治亞州（Georgia）之落葉林中，為一重要之組成分子，栗樹在本區之森林組成超過40%。由於病害之侵入，在40年內，整區內之栗樹被栗樹枝枯病消除殆盡，栗樹枝枯病是一種真菌病害，由 *Cryphonectria (Endothia) Parasitics* 引起。本病於1900年左右，發現於紐約市附近，殺死了所有寄主植物。本病很明顯的是從亞洲引入苗圃之砧木帶入。雖然本病也發生於其他樹上，但病原菌只對美國栗樹有致死效果。病原菌從皮上傷口侵入寄主，主要生長於形成層，只進入木質部很短的距離，造成環剝後殺死寄主樹木。栗樹一旦被害，在2～10年整株死亡。栗樹逐漸被殺死後，林地組成慢慢被其他樹種取代或為主要樹種，如櫟樹（oak）、山毛櫸（beech）、山核桃及紅楓（red maple）等。

CHAPTER 2

疾 病

一、疾病之定義

疾病（diseases）之定義，簡單來說就是「由於某種因子之干擾，導致生物體之正常生理及形態發生改變」。這種改變是一種連續性的變化，而與傷害（damage）不同。植物疾病之發生可能爲全株，或僅一部分器官或組織受到影響，它可能造成明顯之傷害，甚或死亡，但也可能沒有明顯的影響。

引發植物發生疾病的因子稱爲「病因」或「病原」（causal agents）。如果病原爲生物性者，常稱爲病原菌（pathogens）。病原引起疾病的能力，就稱爲「病原性」（pathogenicity）。

二、病因

引起植物疾病的因子可分爲非生物性病原（abiotic causal agents）及生物性病原（biotic agents）兩大類。生物性病原所引起的疾病因具有傳染性，故稱爲傳染性疾病（infectious diseases）。而非生物性病原所引起的疾病，因不具有傳染性，因此稱爲非傳染性疾病（non-infectious diseases）。

（一）非生物性病原

引起植物疾病的非生物性因子很多，大致上有以下幾類：

1. 高溫（Heat）：包括氣溫或土溫過高，日光太強引起的日焦（sunscald）等。

2. 低溫（Low temperature）：包括氣溫過低、霜害、冰雹、雪等。

3. 風（Wind）：強風造成枝葉折斷，或樹幹倒伏。

4. 光線（Light）：光線過強或過弱，都會引起植物的不適。

5. 雷（Lightning）：落雷擊中樹木會造成傷害甚致死亡。

6. 土壤水分（Soil water）：土壤水分的過多或過少。

7. 營養（Nutrients）：營養成分之過多或過少。

8. 空氣汙染（Air pollution）：包括氣體性汙染（如二氧化硫），及塵粒（dusts）等。

9. 鹽類（Salts）：高濃度的鹽類對樹木會造成毒害作用。

10. 化學藥品（Chemicals）：包括重金屬、農藥等。

（二）生物性病原

引起植物疾病的生物性因子也有很多，大致上有以下幾類：

1. 病毒（Virus）

2. 植物菌質體（Phytoplasma）

3. 細菌（Bacteria）

4. 黏菌（Slime molds）

5. 眞菌（Fungi）

6. 藻類（Algae）

7. 種子植物（Seed plants）（高等寄生植物）

8. 線蟲（Nematodes）

9. 其他：如昆蟲（Insects）、蟎類（Mites）及其他寄生性小動物。

三、病原性之證明

欲證明某種生物性因子是否爲病原，亦即欲證明其病原性時，通常皆依據柯霍（Robert Koch, 1843-1901）所提出之一套程序來進行。此即所謂之柯霍氏原則（Koch's postulates）。在植物病理學上，柯霍氏原則的應用如下：

1. 被懷疑之可能病原必須和此病害經常連在一起。

2. 此病原必須可以從罹病植物體分離出來，行純粹培養。

3. 當將前面純粹培養之病原接種至健康植物時，必須產生相同病徵之疾病。

4. 從接種發病之植物，可以再分離得到同樣之病原。

原則上，經過上述程序後，才能說是證實其病原性。但是對於一些至今仍無法分離培養的病原，例如：病毒、植物菌質體、線蟲、某些眞菌（如白粉菌、銹菌）等，則常做一些適當的修正。

四、病徵及病兆

病徵（symptom）係指罹病植物體所表現出外部形態學的變化、以及內部器官或組織之病變，而與健康植物可分辨者。病兆（sign）又稱病灶、標徵或標兆，係指病原生物於罹病植物的罹病部位上或內部所形成之構造，亦即病兆是指病原本身形成的構造，而肉眼可見者。

（一）樹病的主要病徵

在樹木罹患疾病後，所有可能表現出來的病徵種類很多，在此歸納爲五大類的病徵。分別爲壞疽型病徵（necrotic symptoms）、變形病徵（deform symptoms）、變色型病徵（Discolor symptoms）、減生型病徵（hypoplastic symptoms）及增生型病徵（hyperplastic or symptoms）。一般而言造成壞疽型病徵都是因爲病原對受害植物組織有致死作用所造成，而另外四型病徵在發病初期都沒有致死作用，大多是因病害導致植物生理上的異常，如植物生長素分泌的失調所致。

1. 壞疽型病徵（necrotic symptoms）

所謂壞疽型病徵是由於病原導致樹木某些功能的停止，引起細胞或是組織的死亡所顯現出來的狀態。包含有：

(1)燒枯（blighting）：由於病原菌入侵，導致樹木的葉、花、枝條等因罹病而急劇枯死，多半變褐色化。

(2)汙斑（blotch）：葉及果實表面產生大小不一之汙色斑。例如：栗汙斑病。

(3)潰瘍（canker）：主要發生於主幹或大枝條，有時發生在根部，造成局部樹皮壞死，患部中心凹陷而龜裂，有時周圍形成癒合組織而呈現凸起之癌腫狀。例如：*Necria swieteniae-mahoganii* 所引起的桃花心木潰瘍病。

(4)腐朽或腐敗（decay or rot）：罹病組織因病變而呈崩解狀態。例如：*Sclerotinia cineria* 所引起的桃褐色腐敗病，或 *Trametes vericolor* 所引起的木材腐朽。

(5)梢枯（die-back）：於枝梢或小枝靠近先端部位枯死，常會往下蔓延一段距離。例如：*Diplodia pinea* 所引起的松樹梢枯病，*Phomopsis sp.* 所引起的摩鹿加合歡梢枯病梢枯。

(6)滲水或分泌（hydrosis or exudatuon）：罹病植物體之組織崩壞變質而分泌出汁液、黏質物或樹脂等例如：桃流膠病，松樹潰瘍病。

(7)斑點（spotting）：變色部位呈現點狀等較小面積者，依形狀可分成圓斑（circular spot）、角斑（angular spot）、輪斑（zonal spot）、不規則斑（irregular spot）等。例如：油桐褐斑病（病原菌為*Mycosphaerella aleuritides*）、玫瑰黑星病（病原菌為*Diplocarpon rosae*）、闊葉樹輪斑病（病原菌為*Criestulariella moricola*）。

(8)穿孔（shot hole）：葉片罹病部位周圍產生離層，脫落後造成小孔。例如：櫻花、桃、李等之葉穿孔褐斑病（*Mycosphaerella cerasella*）。

(9)萎凋（wilting）：罹病植物之全身或一部分呈現萎凋現象。例如：苗猝倒病（*Pythium* spp., *Fusarium* spp., *Rhizoctonia solani*等）、荷蘭榆樹病（*Ophiostoma ulmi*）、松材線蟲萎凋病（*Bursaphelenchus xlophilus*）。

(10)瘡痂（scab）：植物被害部位形成木栓化而呈現痂皮狀。例如：泡桐瘡痂病（*Sphaceloma tsujii*）。

(11)器官脫落（dropping）：葉、花、果實等器官產生離層而比正常者提早脫落。例如：松葉震病（*Lophodermium pinastri*）。

(12)木乃伊化（mummification）：果實或其他器官發生乾凅而萎縮，通常會而在樹上長時間殘存。

2. 變形病徵（Deform symptoms）

(1)器官變形（transformation of organ）：植物器官之形態發生改變。

　　例如：梅銹病（*Caeoma makinoi*）引起之花器葉化（phyllody），柳杉帶化病（fasciation，原因未明）。

(2)凹孔（pitting）：在罹病部位表面成陷的部位。

　　例如：柑桔木孔病（*Citus xyloporosis*），樺樹胴枯病毒病。

3. 變色型病徵（Discolor symptoms）

在罹病植物上發生顏色的變化，是最常見到的病徵。而顏色的變化也可分成許多種類，現分述如下：

(1)退色（paller）：患部的顏色較健全部爲淡。

　　① 黃化（yellowing）：葉綠素發育不良而致原綠色部位呈現黃色。

　　　　例如：松類苗黃化症（缺鎂症）。

　　② 萎黃化（chlorosis）：葉綠素部分不發達或被破壞，而呈黃白色。

　　　　例如：泡桐蔟葉病。

　　③ 銀色化（silvering）：葉片在表皮下產生不正常空氣層，使葉面表面呈現銀色或銀灰色。

　　　　例如：*Chondrostereum purpureum* 引起之闊葉樹銀葉病。

　　④ 白化（albication）：植物因故無法形成色素而呈白色。

　　　　例如：植物之白化苗。

(2)褐白化（browning）：植物的組織或器官發生褐色的變化，係常見病徵。

　　例如：柳杉赤枯病（*Cercospora sequoiae*）。

(3)紫色化（purpling）：變色部分呈現紫色或紫紅色。

　　例如：松苗之紫化色病（缺磷症）。

(4)赤色化（redding）：變色部分呈紅色。

　　例如：柳杉苗針葉赤變病（缺鎂症）。

(5)青變（blue stain）：樹木之木材被青變菌感染而成青藍色或淡青色等。

　　例如：松材青變（*Ceratocystis* spp.）。

(6)變色斑（colored area）：變色部侷限於某些部位。

4. 減生型病徵（hypoplastic symptoms）

(1)萎黃（chlorosis）:由於葉綠體的發育不良所導致的組織變黃萎縮。

(2)萎縮（dwarfing）：植物全株或部分器官比正常者減小。

　　例如：桑樹萎縮病（Phytoplasma）、松樹小葉病（*Phytophthora cinnamomi*）。

(3)青白化（etiloation）：由於光線缺乏或不足導致的一種黃化現象。

(4)叢生化（resetting）：由於節間的延生不足所導致的葉片叢聚的現象。

(5)抑制（suppression）：某些器官或是組織生長遭受抑制的情形。例如桉樹的小葉病。

5. 增生型病徵（hyperplastic symptoms）

罹病植物之全株或一部分膨大或數目增加，增生的方式有兩種：一種係指細胞的數目增多（hypertrophy）；另一種是指細胞體積變大（hypotrophy）。

(1)腫瘤（tumor; gall）：罹病物之器官一部分腫大成瘤狀或疣狀。

　　例如：樹木根頭癌腫病（*Agrobacterium tumefaciens*），泡桐根瘤線蟲病（*Meloidogyne incognita*）。

(2)簇葉（witches'-broom）：在罹病枝條上不斷增生第二次枝條，此增生之第二次枝條較正常者細小且節間較短，上頭著生之葉片也較正常者為小，如此不正常的增生，使得枝葉簇生在一起而呈現叢狀，帚狀或鳥巢狀。

　　例如：泡桐簇葉病（Phytoplasma）。

(3)絨毛形成（einose）：在葉表皮細胞上因受到刺激，而形成密生之茸毛狀構造。

　　例如：楓類毛氈病（*Eriophyes* sp.）。

（二）樹病之病兆

樹病之病兆可以依其功能分成兩類：

1. 營養器官（vegetative strucures）：病原體之器官其功能主要係用來吸收及貯存養分者。

(1)原植體（thallus）：藻類或菌類從某個中心發展出來之構造。

　　例如：*Cephaleuros viresens* 引起之藻斑病。

(2)菌絲體（mycelium）：由許多菌絲（hyphae）集合而成，肉眼可見之絲狀構造。

　　例如：立枯絲核菌（*Rhizoctonia solani*）引起之蛛絲病，白絹病菌（*Sclerotium rolfsii*）引起之白絹病。

(3)菌絲褥（felt）：由菌絲緊密結合而成之片狀構造。

　　例如：*Septobasidium* spp.引起之膏藥病。

(4)菌索（rhizomorph）：由菌絲結合而成之根狀或繩索狀構造。

　　例如：蜜環菌（*Armillaria mellea*）之菌絲束。

(5)菌核（sclerotium）：由菌絲形成緊密、堅實之粒狀構造。

　例如：菌核病菌（*Sclerotinia sclerotiorum*）及白絹病菌（*Sclerotium rolfsii*）之菌核。

2. **繁殖器官**（reproductive structures）：病原之器官其功能主要是用來繁殖者。

(1)孢子（spore）：例如：灰黴病菌（*Botrytis cinerea*），白粉病菌（*Erysiphe ploygoni*）。

(2)分生孢子梗（conidiophore）：例如：灰黴病菌（*Botrytis cinerea*），灰斑病菌（*Cristulariella moricloa*）。

(3)分生孢子堆（盤）（acervulus）：例如：炭疽病菌（*Colletotrichum* spp.）及 *Pestalotipsis* spp.。

(4)分生孢子座（褥）（sporodochium）：例如：引起泡桐枝枯病之 *Fusarium* sp.。

(5)孢子堆（sorus）：例如：相思樹銹病（*Poliotelium hyalospora*）。

(6)分生孢子器（pycnidium）：例如：柳杉葉枯病（*Phoma cryptomeriae*）。

(7)子囊殼（perithcium）：例如：炭疽病菌（*Glomerella cingulata*）。

(8)子囊盤（apothecium）：例如：菌核病菌（*Sclerotinia sclerotiorum*），松樹葉震病（*Lophodermium pinastri*）。

(9)閉囊果（cleistothecium）：例如：白粉病菌（*Phyllactinia guttata*）。

(10)子座（stroma）：例如：桂竹簇葉病（*Aciculosporium take*）。

(11)孢子囊（sporangium）：例如：泡桐露菌病（*Plasmopara paulowniae*）。

(12)菇體（mushroom）：例如：密環菌（*Armillaria mellea*）。

(13)子實層（conk）：例如：*Ganoderma applanatum*，松生擬層孔菌（*Fomitopsis pinicola*）。

(14)菌泥（ooze）：例如：栗芽枯病（*Pseudomonas castaneae*）。

(15)孢子角（spore horn）：例如：栗枝枯病（*Cryphonetria parasitica*）。

五、樹病之診斷

（一）緒言

　　病害診斷（Diagnosis）就是針對罹病之植物體檢查其病徵等各項發病狀態，確定其病原及病名。而研究診斷之理論及實際之問題，稱為診斷學（Diagnotics）。在樹病學及植物病理學上為一門重要之基礎學科。因為不同的疾病，所可能採取的措施不同，因此正確的診斷，是植物病理學中最基本的一項工作。可以說。沒有正確的診斷，也就無法進行植物病理學的各項研究，或從事正確的防治工作。

　　診斷是處理病害的第一步。正確的診斷病害是一項複雜的活動，需要將很多學科，如植物學、樹木學、育林學、昆蟲學、微生物學、植物病理學、植物生理學、土壤學等結合在一起，方能作出正確之判斷。長時期之經驗有助於病害的診斷。因此診斷能力是經由廣泛之學術及田間經驗加上許多常識而得到的。

（二）在進行診斷時，需要注意下列事項：

1. 知悉健康植物及其品種之各項特徵、功能及習性。
2. 病徵並不一定表示其病原。
3. 了解病害與昆蟲為害之區別。
4. 注意病原菌之多生寄生現象（polyxeny）及多形性（polymorphy）。
5. 考慮第一次病原與第二次病原之區別。
6. 觀察發病之過程。
7. 觀察植物之各部分（葉、枝、莖、根等部）之發病狀態及其異同。
8. 注意土壤種類及排水情形。
9. 注意當地氣候之變化。

（三）於採取罹病標本以便進行診斷時，要注意以下幾點

1. 從表現初期病徵到末期枯死之部分，每一階段皆要採取。僅取一枚葉，一支樹枝，通常較難以診斷。
2. 採取枯死的枝及幹時，要連枯死部位以下之健全部位一同採取。在先端枯

死的部分，常有雜菌混雜，會影響到診斷。

3. 採取根部時，較小的樹木可以將整個根株掘取，而較粗大的樹木可採取粗根之一部分以及地際部的樹皮，然後將土輕輕抖落；注意不要用水洗。

4. 記載植物的種類、發生地點、採集日期、採集者姓名、病害發生狀況、有無使用藥劑以及藥劑種類、土壤情況、氣象條件等。

5. 如果標本要郵寄或運送，不要直接裝在塑膠袋中。將標本以舊報紙或衛生紙等包好，再裝入紙袋或紙箱中郵寄。

（四）樹木病害之鑑定診斷與防治原則 —— 以病原真菌為例

以一位樹木或森林的經營管理者而言，當樹木發生病害時，需規畫如何去管理發生的病害。有些病害只是造成樹木健康輕微的影響，遇到這類型的病害，在病害經營管理的制定與行動就沒有急迫性與必要性。然而有些病害，可能會引起嚴重的樹木健康問題或造成流行性的森林病害，這個時候就必須盡快制定病害經營管理的策略與方法，同時需採取必要性的防治行動，以遏止病害的發生擴散。

引起樹木生病的因子，如依據是否具有傳染力而言，可分成傳染性及非傳染性的病因。非傳染性病因是指外在不利於樹木生長的環境因子。環境因子屬於非生物性，病因不具繁殖能力，因此一旦不利之環境因子消失，患病的樹木就可以逐漸恢復健康，但如果受害程度超過生理機能不可逆轉點，即使不利環境因子消失也不可能恢復生機，例如因土壤缺水，導致樹木的水分活性達永久凋萎點，此時再施與水分也無法救回樹木。非傳染性的病因有時不易診斷鑑定，通常要對患病樹木的周遭環境有深入的了解，才能做出初步病因的推斷，並對假設病因的推斷進一步處理或檢驗，才能確定病因。

樹木病害傳染性的因子，又稱生物性的病因，這些生物性的病因通常較微小，因此常被稱為病原微生物（菌），如真菌、細菌、線蟲、濾過性病毒與植物菌質體等。但有些高等寄生性植物也可能寄生為害樹木，如桑寄生、欄寄生、兔絲子等；或有些高等植物雖非寄生，但其可纏繞樹幹，占據樹冠上層，而影響樹木行光合作用的效率，並導致樹木慢性衰敗，如榕樹、小花蔓澤蘭等。另外，潮溼的環境下，有些蕨類、苔鮮類及蘭花類附生在樹幹表面，並不會影響樹木健康。

眞菌是樹木病害最常見的病原微生物，不同的眞菌爲害樹木不同的組織與器官，如以爲害部位做分類，一般可分爲葉部病害、枝條與樹皮病害、樹幹莖腐病、維管束萎凋病及根部病害等五大類，其他類型的病原微生物也大致會引起相似的病害與現象。以下則分別述說各類病害的病徵鑑定診斷方法及病害經營管理原則。

1. 葉部病害（圖1）

爲害葉部的眞菌多屬小型眞菌，因此在受害葉片上，可以看到細小的眞菌子實體，一般需用放大鏡才能觀察子實體的外觀，有時僅能看到菌絲體或無性世代的構造。葉部病害的發病大多自下位葉開始發病，如果環境適合發病，會逐漸擴散，或僅局限於部分樹冠。受害葉片會出現病徵，如葉片變色、腐爛或變形，未成熟葉片提前落葉等。因病原菌僅爲害葉片，其他樹木組織並未受到爲害。一般而言，葉部病害對樹木健康的影響較小。因葉片的主要生理功用爲光合作用及蒸散作用，若非大面積樹冠受害而影響生命外，一般的影響僅減少生長量。闊葉樹的葉片更新較頻繁，而針葉樹的葉片更新較緩慢。因此，闊葉樹的葉部病害對樹木健康的影響較

①

▌ ① 樹木葉部病害的病徵

小，相反地，針葉樹則影響較大。但如爲重大流行病則都有深遠的影響。由於針、闊葉樹葉部病病害對樹木健康影響程度不同，在病害的防治經營原則也有些差異。一般而言，闊葉樹發生葉部病害，防治策略上以林地衛生爲主，以降低病害發生。闊葉樹木葉部發生病害，可先評估是否具有重大流行性病害可能性，如不具威脅性，在病害經營上，先監測病害進展情形，如沒有擴大之虞，就不必有積極性的防治行動。原則上，如針葉樹發生病害，則需採取較積極的防治行動，以林地衛生及具體的防治施作並用。

2. 枝條與樹皮病害（圖2）

初期病徵的表現局部性，通常會自較幼嫩的個別枝條與分枝先發病，出現枝枯和萎凋，及樹皮的潰瘍。以整棵樹來觀察，自樹冠上層往下枝枯和萎凋，僅在潰瘍的附近有邊材變色，在病組織可以觀察到眞菌小型子實體。引起枝條與樹皮病害的眞菌和葉部病害的眞菌，多屬於小型眞菌。在枝條或樹皮以外的部位多未發生病害。在病害防治上，以林地衛生及具體的防治施作並用。基本上葉部病害及枝條與

個別枝條與分枝
有萎凋和枝枯

自樹冠上層往
下萎凋和枝枯

樹皮潰瘍和真
菌小型子實體

僅在潰瘍附近
的邊材有變色

健康根部

②

▍ ② 樹木枝條與樹皮病害的病徵

樹皮病害，多發生在表面淺層組織，施用藥劑較易達到防治效果，因此只要正確鑑定診斷及用藥得宜，這類型的病害較易防治。

3. 莖腐病（圖3）

莖腐病是指一些木材腐朽菌侵入樹木的木材組織，分解利用木材的纖維素及木質素，導致木材腐朽而失去機械支撐力。莖腐病的樹木較易風倒或震倒，具有潛在公共安全危險性，因此樹病學上常稱這類的樹木為危險樹木（hazardous trees）。大部分的木材腐朽菌對樹木的活組織通常不具侵害性，因此當他們為害木材時，受害的樹木外觀看不出任何病徵，但因木材已腐朽，啄木鳥類及一些腐生性木棲昆蟲喜歡棲息在這類樹木，樹皮也會變疏鬆，在基部傷口處或側莖切面常有大型菇體（木材腐朽菌的子實體）生長，有時也會流膠和腫脹。木材腐朽菌多經由樹幹受傷及修剪枝條造成的傷口入侵，侵入口也常會長出菇體的地方。木材腐朽菌主要為害樹木木材的組織且木材被樹皮包覆在裡面，因此，施用藥劑防治不易達到效果。由於莖腐病在入侵為害後不易防治，一般建議以預防為主，也就是盡量避免樹幹受傷

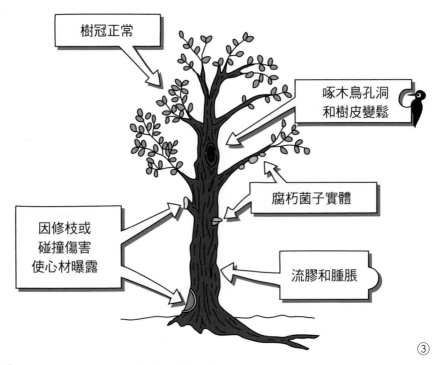

③

| ③ 樹木莖腐病（木材莖腐朽病）的病徵

造成傷口及確實遵守修枝作業規範，以減少木材腐朽菌經由傷口入侵木材組織。在為害初期，或可經由外科手術清除腐朽組織及腐朽菌，但為害嚴重時，外科手術的效果非常有限。

4. 維管束萎凋病（圖4）

維管束萎凋病的病原菌多為害維管束組織，使維管束失去輸送水分及養分的功能。這類的病原菌通常會產生較小的孢子，可經由維管束組織輸送水分時移動，嚴重時，可存在全株樹木的維管束組織並為害維管束組織導致細胞壞死，因此如為維管束萎凋病，通常在邊材最外層的維管束組織有環狀壞死及色變，另外，受害樹木會出現缺水的病徵，如初期個別分枝的萎凋和枝枯，然後全株性自樹冠上層萎凋和枝枯，樹冠葉片小葉化或變稀蔬。通常樹皮與根部未出現病徵。維管束萎凋病的病原菌通常是土壤或昆蟲傳播，在防治上，如為土壤傳播性則需做好病土消毒和栽植不帶菌苗；如為昆蟲傳播性，以防治昆蟲的方法為主。一般而言，維管束萎凋病不易以藥劑防治，如能選育抗耐病樹木效果最好。

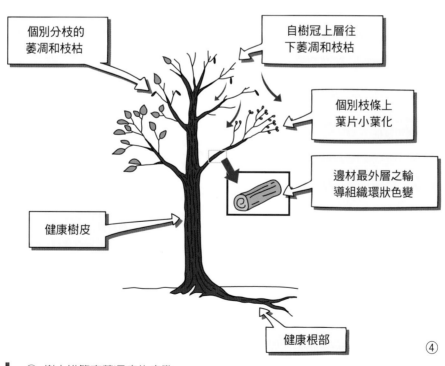

④　樹木維管束萎凋病的病徵

5. 根腐病（圖5）

引起樹木根腐病的真菌主要有兩大類：一類是小型水生性真菌，如疫病菌；另一類是大型菇類的木材腐朽菌。疫病菌主要為害樹皮根部表面的活組織，造成組織壞死而失去吸收水分及養分的功能。木材腐朽菌主要為害根部的木材組織，引起木材腐朽，當環境不適合樹木時，也會為害活組織。但有些木材腐朽菌除為害木材組織外，也會為害表面的活組織，造成組織壞死，嚴重為害根部的吸收功能，這種具有強病原性的木材腐朽菌以褐根病菌為代表。由於木材腐朽菌為害木材組織，使木材腐朽而失去機械支持力，因此這類根腐病的樹木易風倒，也具有潛在公安的危險性。根腐病菌為害樹木以土壤中的根部為主，根部初期受害時不易被察覺。一般而言，樹木的根部要到大部分根部受害失去吸收水分能力時，地上部的樹冠才會出現缺水現象，此時要進行救治已為時已晚。一般根腐病會出現以下病徵：自樹冠頂端枯死、葉片生長變稀疏、生長停滯和小葉化、莖基部可能腫大、大型菇體自腐朽根部或莖基部長出、根腐朽或組織死亡、莖表面的樹皮沒有病徵。在防治上，根腐病

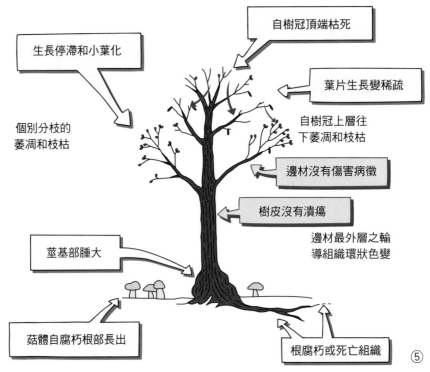

⑤ 樹木根腐病（木材腐朽菌引起的根腐病）的病徵

是最不易防治的病害，因感染初期地上部不易出現病徵，地上部一旦出現病徵，大部分的根部已經受害，此時施用藥劑效果有限；再者，如為木朽腐朽菌引起的根腐病，其主要為害木材組織，木材組織一旦被腐朽則造成永遠性的傷害，受害樹木已失去機械支撐力，既使把根部的活組織救回來，也容易風倒。根腐病以預防重於治療，感染的區域要徹底清除病原，再植才能成功；避免病根與健根的接觸傳染；腐朽菌出菇產孢季節，鄰近健康樹木避免根莖部受害，以減少新感染的機會。

以上五類病害對樹木健康影響程度及防治的困難度為：根腐病 ＞ 維管束萎凋病 ＞ 莖腐病 ＞ 枝條與樹皮病害 ＞ 葉部病害。

CHAPTER 3

病原之存活及傳播

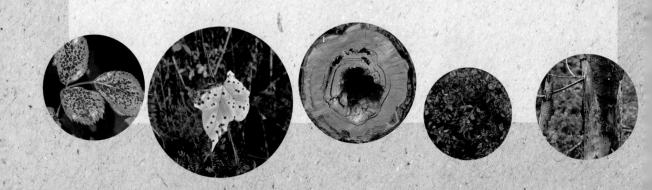

樹病之發生及蔓延，會受到很多因素之影響，諸如：病原菌之感染源量之多少、其分散之狀態、存活時間、寄生主體之各種條件以及環境因子等。要了解疾病，必先明瞭病原之感染源從何而來（或是存活於何處），以及感染源如何傳播，而造成疾病之流行。

一、病原體之存活

病原體在自然界中，如遇高溫、低溫、乾旱或缺乏寄主植物等各種不利的條件時，常會失去其生命力。為了延續其生命，病原體乃發展出各種存活之方式，使其個體進入休眠狀態，或在適當場所潛在繁殖以待有利生活條件再度來臨。

各種病原體存活在不良環境條件下經過一段時間，如果重新遇到適當發育條件，即開始活動。這些病原體活動後即產生第一次感染源（primary inoculum），而侵入寄主植物體，致使疾病開始發生。然後病原在寄主體發展並繁殖而產生第二次感染源（secondary inoculum），繼續感染其他寄主植物，而使病害逐漸蔓延發展，甚至形成流行病。

病原體之存活方式依其種類不同而有所差異，以下舉若干例子以概略敘述之。

（一）在寄主體內潛伏

許多植物病原菌在外界環境不利於其生長繁殖時，即潛伏在其寄主體內，以靜待有利時機之再度來臨。例如：櫻花簇葉病菌（*Taphrina wiesneri*）在活枝條上，以菌絲形態越冬（Buldenhagen & Young, 1954）。白粉病菌，例如可感染青剛櫟等闊葉樹之*Microsphaera alphitoides*，其可能以菌絲形態在冬芽內存活以越冬（平田，1953）。餅病菌（*Exobasidium* spp.）通常在幼芽的葉組織內，以菌絲形態潛伏越冬，於第二年再發病。而茶樹網餅病菌（*Exobasidium reticulatum*）在罹病葉的活組織內，以菌絲形態越冬，於次年再形成新的子實層，形成感染源（江塚，1958）。

松樹腫銹病菌（*Cronartium quercuum*），係侵害枝條，形成腫瘤。病原菌在寄生的韌皮組織之形成層附近，以菌絲狀態越冬。而松樹葉銹病菌（*Coleosporium* spp.）則在活葉內以菌絲狀態及精子器越冬（佐保，1968）。

常綠闊葉樹之炭疽病菌，在出現病徵以前，在活葉組織內以菌絲存活。而柿炭疽病菌（*Gloeosporium kaki*）則在外觀健全的芽部潛伏（安部、北村，1962）。

根腐線蟲（*Pratylenchus* spp.）在根部組織內，以成蟲、幼蟲及卵等越冬。而根瘤線蟲（*Meloidogyne* spp.）則通常在根部內以幼蟲，而非成蟲存活（Kable & Mai, 1968）。

（二）附著在寄主表面

有些病原菌是以某些構造附著在寄主體外存活，以度過不良時機，待外界環境適合時，再侵入寄主體內。例如：桃縮葉病菌（*Taphrina deformans*），以出芽分生孢子附著在枝幹及芽上以存活。美洲側柏（*Thuja plicata*）葉枯病菌（*Keithia thujina*），係以子囊孢子附著在葉上越冬，次年春天成為第一次感染源（Pawsey, 1960）。白粉病菌（*Microsphaera alphitoides*）也可以菌絲及子囊殼在活葉上存活（平田，1953）。而海衛茅白粉病菌（*Oidium euonymi-japonicae*）則在葉片上病斑部位以特殊表生菌絲存活。

（三）在寄主之枯死部存活

有許多病原菌則是存活在寄主植物的枯死部位上，或是產生某種構造，或是進入休眠期，以度過不利的時期。例如：栗芽枯病菌（*Psendomonas astaneae*）在病枝梢以細菌體存活（河村，1943）。引起枝枯、桐枯性疾病的細菌多以此種方式存活。

松枝枯病菌（*Cenangium ferruginosum*）、泡桐潰瘍病菌（*Valsa paulowniae*）、栗枝枯病菌（*Cryphonectria parasitica*）、落葉松梢枯病菌（*Guignardia laricina*）等，許多引起枝枯或潰瘍之病原菌，其存活方式，係在枯死組織內以子囊孢子或柄孢子存活。

泡桐白粉病菌（*Phyllactinia imperialis*）及桑白粉病菌（*P. moricloa*），在秋天形成子囊殼，多數子囊殼在落葉前或隨落葉落在地上，受到土壤溼度及微生物作用，而失去活力。少數則以附屬絲附著在寄主枝條上或落葉上附著而越冬（平田，1953）。

白楊（popular）落葉病菌（*Marssonina brunnea*）在罹病落葉中以菌絲形態越冬，在翌春再形成新的分生孢子堆及分生孢子。白楊輪斑病菌（*Phyllosticta populorum*）也是在落葉內以菌絲形態越冬（小林、千葉，1962）。

胡桃白黴葉枯病菌（*Shpaerulina juglandis = Cercosporella juglandis*）於落葉上以菌絲和精子器越冬，翌春生出子囊孢子，而成為第一次感染源。許多植物病原性的子囊菌，都是以類似此種方式度過不良時機以存活。

（四）附著於種子內部或外表

有許多植物病原菌可以菌絲、孢子，或是其他構造存在於種子的表面或是內部，靜止休眠，待種子播下後，如果環境適合，即開始活動，或是感染種子造成種子腐敗，或是發展至其他部位引起植物生病。這類病原，可以經由種子傳播病害，即稱為種媒病原（seed-borne pathogens）。例如：引起針葉樹苗猝倒病之*Fusarium oxysporum*等，常在種子上越冬。相思樹炭疽病菌（*Glomerella cingnlata*），本菌也可引起多種樹木之炭疽病，常以菌絲狀態在種子組織內存活，以越過不良時期。很多報告顯示，有些種媒病原可在種子上存活達十幾二十年之久。

（五）在土壤中存活

有許多病原可以菌絲、孢子、菌核等構造存在壤中存活，以度過環境不良之時機。這些病原可經由土壤而傳播至其他地方，即稱為土壤傳播性病原，或稱土媒病（soil-borne pathogens）。例如：根頭癌腫病菌（*Agrobacteruum tumefaciens*）、白紋羽病菌（*Rosellinia necartrix*）、紫紋羽病菌（*Helicobasidium monpa*）、樹木根腐病菌（*Armillaria mellea*）、幼苗猝倒病菌（包括腐黴菌（*Pythium* spp），鐮刀菌（*Fusarium* spp），立枯絲核菌（*Rhizoctonia solani*）等）、白絹病菌（*Sclertium rolfsii*）、菌核病菌（*Sclerotinia sclerotiorum*）等土壤傳染性病菌，皆可在土壤中存活以越冬或越夏。根腐線蟲（*Pratylenchus* spp.）以成蟲、幼蟲及卵，根瘤線蟲（*Meloidogyne* spp.）則以卵在土壤中存活。

（六）雜木及雜草

很多樹木病原菌其寄主範圍較廣，可寄生在多種不同植物上，因此在主要寄主

樹木不存在時，可寄生於其他雜木或雜草上，當人們種植主樹木時，即傳染過來。例如：落葉松梢枯病菌（*Guignardia laricina*），亦可感染其他多種針葉樹上。而常引起苗木灰黴病之*Botrytis cineria*，其寄主範圍廣泛，常寄生於苗圃附近之雜木及雜草上。

二、病原菌孢子之形成

病原菌類在感染植物體之前，通常要先形成孢子以作為感染源，而病害之蔓延也要靠孢子之大量形成。孢子之形成受到營養及環境條件的影響，環境條件則以溫度、溼度及光線最為重要。

一般病原菌的生長及產孢有其一定的溫度範圍，溫度過高或過低，皆不利於其產孢。例如：清原、德重（1969）之研究，松葉枯病菌（*Cercospora pini-densiflorae*）之分生孢子在人工培養基上，於20-30℃之間形成較多。而柳杉赤枯病菌（*Cercospora sequoiae*）也有此種傾向。但有些病原菌喜歡較低溫，例如：灰黴病菌（*Botrytis cinerea*）、菌核病菌（*Sclerotinia sclerotiorum*）等，在低於20℃以下時，有利於產孢。有些病原則在較高溫時，有利於其產孢，例如有些鐮孢菌（*Fusarium* spp.）在溫度高於28℃時，較有利於其產孢。

一般植物病原菌在產孢時，需要有光線之照射。否則不產孢，或是產孢量較少。例如：柳杉赤枯病菌（*Cercospora sequoiae*）在照光時形成較多之分生孢子，光線不足時，分生孢子形成較少。然而也有些病原菌，光照與否，對其孢子影響不大。例如：松樹葉枯病菌在照明、或黑暗下之孢子形成量相差不大，光源對其沒有太大的影響。也有些病原菌，必須在照光和黑暗的輪迴下，才會產孢。

空氣中的溼度也是影響孢子形成的一項重要因子。大部分的植物病原菌在溼度高時產孢較好，或甚至必須在高溼度時才能產孢。所以一般在雨季時病害發生較嚴重，傳播速度也快。但是也有些病原菌在相對溼度較低時，產孢量反而較高。例如：松葉枯病菌在空氣乾時，形成較多之分生孢子。根據清原、德重（1969）之研究，空氣RH在55%時，較100%時形成4倍量之分生孢子（表3-1）。

表 3-1　松葉枯病菌（P-1）之孢子形成與空氣溼度（清原、德重，1969）

溼度調整劑	20℃下之溼度	菌落上之孢子數
H_2O	100	6,600
$H_2C_2O_2 \cdot 2H_2O$	96	7,060
$Na_2SO_4 \cdot 10H_2O$	93	3,940
K_2CrO_4	88	13,500
$Ca(NO_3)_2 \cdot 4H_2O$	55	26,648

三、病原體之傳播

　　植物病原體之分散，傳播到寄主植物上，為植物病理學及防治學上之重要研究項目。一般植物病原之傳播方式有以下幾種：

（一）空氣（氣流）散布

　　經由空氣及氣流傳播之病害稱為空氣傳播性病害（air-borne diseases），主要為真菌類病原。

　　經由空氣傳播之真菌，其孢子在脫離菌體時，常以其特殊之釋放機構，將孢子釋放出。例如子囊菌在適當溫度、溼度下，在子囊內形成高壓而後將孢子射出。而擔子菌則其擔孢子在釋放前，在基部之子實層（hilum）形成小水滴，而使孢子脫離擔子柄之小柄，稱為ballistospore discharge。而很多乾性孢子，如不完全菌等，則係經由風力之作用使孢子脫離，而後經由風及氣流帶往他處。

　　釋放出的孢子可經由上升氣流帶往高空，而進行長距離之飛行。最著名之例子，即為銹病菌之傳播。Maclachlan（1995）以飛機調查空中之龍柏——蘋果銹病菌（*Gymnosporangium junjperi-virginianae*）之小生子（即擔孢子）數目，其高度與捕捉到小生子數目之結果發現，在1000呎的高度仍能捕獲小生子。但隨高度增加所捕獲的孢子量遞減（表3-2）。

表 3-2　高度與孢子捕捉數（*Gymnosporangium junjperi-virginianae*）（Maclachlan, 1995）

高度（ft.）	孢子捕捉數（1 培養皿之平均數）
100	19.5
500	10.0
1000	2.0
1500	0
2000	0

空氣（氣流）散播孢子之有效距離依孢子種類不同而有不同，例如：Snell（1929）研究白松泡銹病菌（*Cronartium ribicola*），其在病患部形成多量的銹孢子（aeciospore），這些孢子可在空氣中浮遊，飛到遠處而感染*Ribes* spp.的葉片，其距離可達數英哩之遙，是爲長距離傳播時代（long-distance dissemination stage）。被侵害之*Ribes* spp.葉片上形成夏孢子（uredospores），此種孢子與前者大異其趣，其溼度較高，多少帶點黏著性，常2-3個孢子黏成一塊，而較易沉降，是爲近距離傳播時代（short distance dissemination stage）。*Ribes*葉上之夏孢子只能感染附近之*Ribes*葉片，而後在葉上形成冬孢子堆（teleutosours）。*Ribes*葉上的冬孢子本身無感染能力，係直接發芽，形成小生子（sporidium，即擔孢子），此種孢子僅能感染松樹，而無法感染*Ribes*屬的植物。此種小生子爲薄膜孢子，很容易被風吹而飛起，但在乾燥情況下容易失去感染力，其實際感染範圍爲以*Ribes*爲中心之500 feet周圍，越遠則越減少。而在900 feet之距離下，小生子則已完全死滅。在美國由於進行撲滅中間寄主*Ribes* spp.，白松泡銹病之發生已大爲減少。

Buchman & Kimmey（1938）從事白松泡銹病菌之水平分散距，與松樹（*Piuns minticola*）之傳染密度的調查結果影示，距傳染源Ribes 5英呎遠，100萬枚針葉當中有46個孢子堆形成，而距離45 feet遠處，則僅有一個孢子堆形成。其後之研究結果顯示，小生子（擔孢子）從*Ribes*傳染至松樹之距離，不超過數十公尺，而銹孢子從松樹傳播至*Ribes*之距離，可達數百公里（Stakman & Harrar, 1957； Robert, 1962）。

佐保（1963，日本）之研究，松葉銹病菌*Coleosporium eupatorii*的小生子飛散距離短，其感染的有效距離約5m而已。

　　一般而言，白粉病菌的分生孢子，銹病菌、灰黴病菌、黑穗病菌、*Alternaria* spp.、*Macrosporium* spp.、*Cercospora* spp.等，都是靠空氣傳播的菌類。

　　咖啡銹病菌*Hemileia rastatrix*除了靠風力分散以外，也要靠雨將孢子帶走（Nutman & Roberts, 1960），咖啡銹病最早發生於錫蘭，而後蔓延至非洲及亞洲。近年來，本病已蔓延至南美洲之咖啡園。經研究結果，認為本病係經由氣流而隨著季節風由非洲西岸橫渡大西洋，而傳至南美洲。

　　擔子菌之擔孢子，也是經由風來傳播，例如*Ganoderma applanatum*即是一例（Gregory et al., 1961）。

（二）水散布（water dispersal）

　　Pythium、*Phytophthora*等病原菌之游走子有鞭毛可以在水中游動至目的地。根頭癌腫病菌（*Agrobacterium tumefaciens*），也有鞭毛可以在水中分散。但是主動游動之距離有限。長距離之散布仍需靠水攜帶至遠處，而達到散布之效果。此外真菌的菌核、孢子以及線蟲等，也可經由流水散布至下流處。

　　樹木潰瘍病菌（如*Valsa*、*Cytospora*以及*Cytospora parasitica*）等，其孢子係混合黏質物從柄子殼噴出來，而形成絲狀的孢子角（Spore horn）。由於具有黏性，無法直接經由風力傳播，需先經由雨水移動分散，而後再經由風作較長距離的散布。有時也可經由水滴流動而感染下方的枝條。

　　炭疽病菌（*Colletotrichum*、*Gloeosporium*）、瘡痂病菌（*Sphaceloma*）等，也需要經由風雨飛濺，而造成分生孢子之散布。

　　*Cercospora*一般係經由風散布。柳杉赤枯病菌（*Cercospora sequoiae*）之散布，在含有霧滴之風吹下，分生孢子較易脫離孢子梗而散布。在自然條件下，雨水有利於其分生孢子之散布。

　　竹簇葉病菌（*Aciculosporium take*）的分生孢子散布及到達生長點進行感染，也需要雨水來協助。

（三）由昆蟲及其他動物散布

　　有許多樹病是經由昆蟲而散布。最典型的例子即為荷蘭榆樹病菌（*Ophiostoma ulmi*）係經由甲蟲（*Scolytus scolytus, S. multistriatus, Hylurgopinus rupinus*等）所傳

播。病原菌在甲蟲於木材所造成的穴道中形成其子實體，當甲蟲爬過時，即沾上病原菌的孢子，甲蟲離開病株到另一株健株上時，即將病原菌傳到健株上。

櫟樹萎凋病（oak wilt）之病原菌（*Ceratocystis fagacearum*）在植株樹皮之裂縫處形成子實體（包括coremia及perithecia）同時會放出香味，吸引昆蟲（*Pseudopityophours pruinosus, Coleopteurs semitectus, Glischrochilus sanquinolente*等）前來，病原菌的孢子即沾在昆蟲身上，再經由昆蟲傳播到健株去。同樣的針葉樹青變菌*Ceratocystis ips*也是由甲蟲所媒介。

此外多種由真菌引起的枝枯病以及潰瘍病也都可經由昆蟲而傳播，例如引起樅樹（balsam fir）枝枯病的*Tyronectria*、*Dermea*以及*Valsa*等菌可經由蠹蟲類*Monochamus* spp.而傳播。栗枝枯病菌（*Cryphonectria parasitica*）之柄孢子（pycnospores）可經由螞蟻及其他昆蟲而傳播。

白松泡銹病菌（*Cronartium ribicola*）之孢子除了經由空氣外，也可經由40種以上的昆蟲傳播（Gravatt & Posey, 1918）。白楊（popular）葉銹病菌（*Melampsora larici-populina*）之銹孢子可由蜜蜂傳播（Minz, 1942）。

除了傳播病害外，昆蟲還可以幫助病原菌完成其生活史，例如梨赤星病菌（*Gymnosporangium haraeanum*）的柄孢子（pycniospores）接合形成銹孢子腔及銹孢子（aecidia and aeciospores），昆蟲媒介即為其重要的因子（河村，1941）。同樣的情形，也發生於白松泡銹病菌（*Cronartium ribicola*）上（Snell, 1929）。

樹病的細菌性病害，也常以昆蟲為其傳播媒介。例如白楊癌腫細菌病（*Pseudominas syringae* f. sp. *pupulae*），可由蚜蟲（*Pterocomma populeum*）傳播。梨火傷病（fire blight）（*Erwinia amylovora*）也是經由蜜蜂等昆蟲來傳播。

許多病毒（virus）以及所有植物菌質體（Phytophasma）所引起之病害也是經由媒介昆蟲來傳播。例如榆樹篩管壞疽病（elm phloem necrosis）以及泡桐簇葉病，前者由葉蟬（leaf hopper）傳播，後者據報導經由椿象類傳播。

線蟲也可以傳播許多種樹病，主要為病毒病害。例如白臘樹輪點病毒（ash ring spot virus）可由匕首線蟲（*Xiphinema* spp.）經由根部傳播。櫻花的捲葉病毒（leaf-roll virus）也是由線蟲傳播。

鳥類也能傳播許多樹病。例如啄木鳥能傳播栗枝枯病菌（*Cryphonectria parasitica*）。其他如栗鼠等小囓齒類動物也能傳播櫟樹萎凋病（*Ceratocystis fagacearum*）。當然，人也是傳播病害之一重要媒介。

（四）種子及花粉

很多植物病害可經由種子而傳播，稱為種子傳播性病害（Seed-borne disease）。而在樹病當中，經由種子傳播的例子很多，例如幼苗猝倒病菌之*Fusarium* spp.即常經由種子傳播。其他常見者有炭疽病菌（*Glomerella cingulata, Colletotriohum* spp., *Gloeosporium* spp.），引起枝枯及潰瘍的*Phomopsis* spp.等。此外栗枝枯病（*Cryphonectria parasitica*）、櫟樹萎凋病菌（*Ceratocystis fagacearum*）、核桃褐色腐敗病（*Xanthomonas juglandis*）、松樹梢枯病（*Diplodia pinea*）等，也都可經由種子來傳播。

花粉也能傳播一些樹病，例如核桃褐色腐敗病（*Xanthomonas juglandis*）、榆樹嵌紋病（elm mosaic disease）、櫻花壞疽性輪點病（cherry necrotic ringspot virus）等。

（五）苗木及接穗傳播

由罹病苗木或接穗將病原體傳播至新地方的例子很多。一種病害被引進到未曾發病過的地區時，常迅速蔓延而造成嚴重的為害。國際上著名的例子有從歐洲引進松樹苗木而帶進病原菌，使北美嚴重發生白松泡銹病。從亞洲引進栗樹苗木，帶入*Cryphonectria parasitica*而使得美國嚴重發生栗枝枯病。根據日本方面之研究，柳杉赤枯病菌（*Cercospora sequoiae*）係由美國引入*Sequoia gigantea*時，病原菌潛伏於幼苗而傳入日本（伊藤，1967），而後傳播郅柳杉上引起赤枯病，並成為日本最重要的柳杉病害。根頭癌腫病菌（*Agrobcterium tumefasciens*）係由國外引進櫻桃苗木時帶進日本，而後傳播到日本全國各地（卜藏，1922）。而臺灣發生之泡桐簇葉病也可能是經由根苗從日本引入。而在苗圃發生之泡桐根瘤線蟲病，也可經由根苗而傳播到造林地。

（六）其他方式

樹木地下部位發生的病害，可經由罹病根與健全根之接觸而傳染，例如櫟樹萎凋病（*Ceratocystis fagacearum*），以及擔子菌類（例如*Armillaria mellea, Phellinus noxius*等）引起的根腐病，皆可以此方法傳染。

另外土棲性病原可經由土壤運搬而傳染至他處，例如在美國發生的合歡萎凋病（mimosa wilt）（*Fusarium oxysporum* f. sp. *perniciosum*），可經由運輸車將土壤運到無病之地區而散布本病。

耕作使用的農具也會傳染多種病害，例如苗圃進行整地時之機械會傳播土壤病原菌，採筍時使用之鋤頭等會傳播竹類嵌紋病（bamboo mosaic virus）。櫟樹萎凋病（*Ceratocystis fagacearum*）有經由斧頭及鋸子傳播的報告（Jones & Bretz, 1955）。

伐採利用後之木材，也可將病原菌傳播到遠處，甚至在國際間傳播，例如荷蘭榆樹病（*Ophiostoma ulmi*）以及木材腐朽菌等。

CHAPTER 4

樹病之發生

一、病原體之侵入

病原體經由各種方式散播到寄主體上時，即經由各種方式侵入寄主組織內以取得養分，並繼續生長增殖，而使植物體發病。如果病原體全部進入寄主組織內部，在其內部寄生，並取得所需之營養，係為內部寄生（endoparasitism）；如果病原體之菌體大部分在寄主表面，僅以少部分菌絲或吸器進入寄主體內吸取營養者，稱為外部寄生（ectoparasitism），例如黑煤病菌及白粉病菌。

（一）孢子發芽（Spore germination）

真菌病原侵入前，要先發芽、長出菌絲以後，才能侵入寄主植物。孢子發芽會受到溫度、溼度、光線、營養等各種環境因子的影響。

病原菌的發芽適溫，依病原菌種類而不同，例如灰黴病菌（*Botrytis cinerea*）之發芽適溫為15-20℃，而柳杉赤枯病菌（*Cercospora sequoiae*）為15-30℃，櫸樹褐斑病菌（*Cercospora zelkowae*）為25-29℃，松葉銹病菌（*Coleosporium phellodendri*）之銹孢子為15-25℃，白松泡銹病菌（*Cronartium ribicola*）之小生子為13-20℃，松腫銹病（*Cronartium quercuum*）之夏孢子為16℃，銹孢子為16-20℃，桑白粉病菌（*Phyllactinia moricola*）之子囊孢子為25-30℃。

病原菌孢子發芽時一般需要較高的空氣相對溼度，有些甚至需要有自由水之存在。例如：櫸樹褐斑病菌（*Cercospora zelkowae*）的分生孢子放置在21℃，經過24小時後，相對溼度（RH）在100%時，發芽率為76.5%；RH在98%時，發芽率為31.0%；RH在94%時，發芽率為19.0%；RH在92%時，發芽率為2.0%；RH在87%以下時，不發芽。又如：落葉松梢枯病菌（*Guignardia laricina*）之柄孢子放置於28℃下，RH在100%時，發芽率為60%；RH在98%時，發芽率為4%；RH在94%及以下時，不發芽。但是桑白粉病菌（*Phyllactinia moriola*）及柿白粉病菌（*P. kakicola*）的分生孢子在相對溼度低至10%時，仍有相當高之發芽率。

孢子發芽也受到光線之影響，此項影響因菌種類而異，例如千金榆（*Carpinus tschonoskii*）之銹病菌（*Melampsoridium carpini*）的夏孢子發芽，受到光線強烈抑制（近藤，1969）。而桑白粉病菌（*Phyllactinia moricola*）的子囊孢子在黑暗下發

芽率很低（6.0%），而照光能提高發芽率至70.7%（糸井等，1962）。

（二）侵入方式（Modes of Infection）

病原體到達寄主表面後，它們可能經由下述之各種不同方式，來侵入寄主植物體內，以達到其寄生之目的。一般而言，不同之病原有不同之侵入方式，也有些病原，可能經由多種方式來侵入。

1. 氣孔（Stoma）

有許多病原菌在發芽後，經由葉片上的氣孔侵入寄主體內，例如銹病菌的夏孢子及銹孢子，松葉震病菌（*Lophodermium pinastri*）、柳杉赤枯病菌（*Cercospora sequoiae*）等。另外桃穿孔細菌病菌（*Xanthomonas campestris* pv. *pruni*）以及柑桔潰瘍病菌（*Xanthomonas campestris* pv. *citri*）等也是經由氣孔侵入。

2. 水孔（Hydathode）

能由水孔侵入的病原菌，僅知有細菌，例如梨之火傷病菌（*Erwinia amylovora*）可由萼片的水孔侵入。

3. 皮目（Lenticel）

皮目也是病原菌侵入的一個門戶，例如桑潰瘍病菌（*Diaporthe nomurai*）、白楊潰瘍病菌（*Mycosphaerella populorum = Septoria musiva*）、白楊潰瘍病菌（*Leucostoma nivea = Valsa nivea*）、櫟樹根腐病菌（*Rosellinia quercina*）以及針葉樹根腐病菌（*Heterobasidion annosum*）等皆被報導可自皮目侵入。

4. 無傷表面直接侵入（Entry through intact surface）

許多病原菌可從寄主表面無傷口的部位，直接穿入表皮細胞而侵入，例如銹病菌的擔孢子、灰黴病菌（*Botrytis cinerea*）、炭疽病菌等，都可直接從角質層（cuticle layer）侵入。泡桐炭疽病菌（*Gloeosporium kawakamii*）（吉井，1933）、白楊炭疽病菌（*Colletotrichum gloeosprioides*）（Mark, et al., 1965）等，其病原菌孢子在寄主表面發芽後，形成附著器（appressorium）密著在表皮上，其底下再生出細的穿入菌絲（infection peg），貫穿表皮細胞壁的角質層進入寄主細胞內。

松樹葉震病（*Lophodermium pinastri*）除了從氣孔侵入之外，也有報告其子囊孢子發芽後，形成附著器而貫穿角質層侵入寄主細胞內（Costonis & Sinclair, 1968）。

Thyr & Shaw（1966）之報告指出，白楊潰瘍病（*Ceratocystis fimbriata*）在感染葉片及葉柄時，可直接貫通角質層侵入寄主。

*Armillaria mellea*的菌索，其先端為白色，和樹木的根部密著，以機械力貫穿根部的周皮（periderm）而侵入寄主根部（Thomas, 1929）。

有些病原菌只能侵入幼嫩而尚未角質化的表皮細胞，例如：引起幼苗瘁倒病的*Pythium* spp., *Fusarium* spp.以及*Rhizoctonia solani*等。

5. 花器

有些病原菌係從花瓣、花柱、花絲、子房等花器侵入，例如核果類菌核病菌（*Monilinia fructigenia* = *Sclerotinia fructigena*）造成全花腐敗。而蘋果花腐病菌（*Monilinia mali* = *Sclerotinia mali*）、梨火傷病菌（*Erwinia amylovora*）等，則可從柱頭的蜜腺侵入。

6. 傷口侵入（Wound infection）

許多病原菌皆可經由傷口而侵入寄主體內，尤其在樹病而言，傷口侵入的情況很多。落葉形成的葉痕（leaf scar），強風害、凍害、日灼傷等氣象因子造成的傷口、昆蟲、鳥類及其他動物的食痕，以及剪定、修枝、耕耘、除草以及其他人為的傷口等，都造成了病原菌侵入的孔道。許多病原菌雖可自其他途徑侵入，但仍可自傷口侵入，有些病原菌甚至在有傷口時更有利於其侵入，例如柑桔潰瘍病菌。

例如櫻細菌性潰瘍病菌（*Pseudomonas mors-prunorum*）、白楊細菌性癌腫病（*Pseudomonas syringae* f.sp. *popular*）、白楊潰瘍病菌（*Cytospora chrysosperma*）、闊葉樹癌腫病菌（*Nectria galligena*）等，都可經由葉落後之葉痕而侵入寄主體。

另外多數引起樹木枝條潰瘍病、枝枯病、根腐病以及木材腐朽菌的病原菌都可經由傷口感染，而且多數係以傷口為其主要侵入途徑。

7. 其他

許多植物病原，本身無法侵入寄主，而必須靠昆蟲等其他生物做爲媒介，幫助它們侵入寄主體內，如：病毒、部分細菌，所有擬菌質等。例如：泡桐簇葉病即是經由椿象作爲媒介昆蟲來侵入寄主體內。

嫁接也可造成許多種病原，由得病的接穗侵入寄主，如病毒、細菌、擬菌質、部分眞菌等。

二、發病

發病（又稱病害發展）（Disease development）係經過感染、潛伏至出現肉眼可見的病徵之過程。在病原感染成立後，到最初的病徵出現之這段期間，稱爲潛伏期（incubation period）。

潛伏期的長短主要依病原種類不同而異，而外界環境及寄主的發育狀態也會造成差異。潛伏期最長的爲木材腐朽性病害，其潛伏期常長達1年以上。而最短的爲幼苗猝倒病的情形，其潛伏期僅數個小時而已。

白松泡銹病菌（*Cronartium ribicloa*）的小生子以人工接種於松苗上，至柄子器形成之時期，有報告爲5-6 個月（Clinton & McCormick, 1919）、10個月（Klebahn, 1905）以及13個月（Spulding, 1912）等。而從小生子接種至銹孢子腔形成的期間，則要32個月（tubeuf, 1917）。

*Coleosporium*屬菌，大體上於6-8月時，將小生子接種於松屬植物的松針上，經4-6個月潛伏期，至晚秋至初冬形成柄子器。約經8-11個月，於翌年早春至初夏形成銹孢子腔。而*Coleosporium campanulae*的小生子接種到柄孢子形成，其潛伏期約121-170日，至銹孢子形成，則需263-341日（平塚，1927）。而*C. eupatorii*的小生子接種至精子器形成需63-76日，至成熟的銹孢子腔形成需268-292日（佐保，1961）。

斑點性病害一般潛伏期較短，通常約在7日左右。例如：*Cercospora plataniforia*之潛伏期7-10日（伊藤，保板，1950）；櫸白星病菌（*Septoria abeliceae*）10-14日；櫸褐斑病（*Cercospora zelkowae*）約3週；柳杉赤枯病（*Cercospora sequoiae*）約3-4週；柿圓星落葉病（*Mycosphaerella nawae*）則在3個

月以上。

炭疽病一般潛伏期很短，例如泡桐炭疽病（*Gloesporium kawakamii*）約3-4日；相思樹炭疽病（*Glomerella cingulata*）約4-7日。

枝枯及潰瘍性病害，其潛伏期通常在數週至數個月，例如桑樹潰瘍病（*Diaporthe nimurai*）之潛伏期在8個月以上。較短之例子有落葉松梢枯病（*Guignardia laricina*）約10-14日；白楊枝枯病（*Pestalotia nigrae*）僅數日。

一般腐朽菌從枝、幹或根部侵入木質部，造成心材腐朽等，其菌絲侵入木材，並在木材蔓延到在外部形成子實體，其潛伏期常在數年至數十年不等。

多數病原真菌於感染後，以菌絲侵入細胞內，或以細胞間隙的菌絲來蔓延。在活物寄生菌（biotroph）之情形，係以細胞內吸器（haustorium）來插入細胞吸收營養；而殺生菌（necrotroph，perthophyte）則殺死寄主細胞，自被殺死的細胞取得營養，並使被患部擴大。

三、植物對病原之反應

一旦病原侵入寄主植物內，並且開始拓殖在寄主體內及擴展，寄主植物就會發生一連串之不同反應及改變，這些反應發生於被侵入之組織，鄰近細胞甚至發生在距離較遠的細胞，最後造成寄主植物發生一些可見的形態上之改變，稱之為病徵，例如生長減少、黃萎化、壞疽、捲縮、落葉、變形、萎凋等，這些病徵是由於寄主對於病原及病原產生物質發生反應而引起的生理改變而造成的。以下所述係寄主對於病原所產生之一般生理反應。

（一）呼吸作用（Respiration）

一般而言，大多數寄主植物受到病原侵襲後，其呼吸作用會增加。事實植物對於大多數有害的各種刺激，都會產生此種反應。此表示其對能量之消耗增加。

（二）光合作用（Photosynthesis）

植物病害的發生會造成光合作用降低，此表示其合成之物質即獲得之能源少。但有少數例子在病原感染初期或是輕微感染時，會造成光合作用的增加。

（三）蒸散作用（Transpiration）

雖然有許多例外情形，大多數植物病害發生時，會成寄主的被感染組織的蒸散作用增加。有些病害初發生時，其蒸散作用會略微下降，而後再上升。真菌性的維管束性萎凋病，通常造成被害植物之蒸散作用降低。有些白粉病也會造成蒸散作用降低。

（四）細胞之滲透性（Cell permeablity）

與被感染細胞鄰近之植物細胞對於水及其他物質的滲透性會增加。

（五）輸導作用（Translocation）

植物被病原感染後，其正常之營養或水分之輸導作用會降低，但常會增加光合作用產物或代謝物質往被感組織附近移動。

（六）氮之代謝（Nitrogen metabolite）

植物被感染後，其正常氮代謝會被改變，例如病毒（Virus）感染之組織常會造成非蛋白質氮（nonprotein nitrogen）通常為醯胺（amides）之蓄積。*Agrobacterium tumefaciens*引起之植物腫瘤，被發現含有較正常植物組織更高量的蛋白質。銹病菌引起之病害，常有氮化合物蓄積在感染部位附近。

（七）生長調節物質（Growth regulating substances）

被病原感染之植物，其生長常受到生長調節物質，例如吲哚乙酸（IAA）、吉貝素（gibberelins）及其他生長激素（auxins）等之影響。在很多植物病害的例子中，當植物被感染後，其IAA等生長素之量會增加，例如梨赤星病在產生銹孢子腔（aecial stage）時期，其IAA的產量為正常者之八倍。在很多病毒性病害其生長激素（auxin）之量較正常者為低，尤其是在病害之中後期（advanced stages），使得植物之生長不正常。

（八）酚類化合物（Phenolic compounds）

在感染部位附近有酚化合物之蓄積，此為植物對病原感染反應之一大特色。在維管束萎凋及木材腐朽感染，所造成之維管束褐變及木材褐變即認為係酚化合物形成之聚合物（polymerization）所呈現之顏色。

四、影響樹病發生的因子

　　樹病的發生與其他作物一樣，除了受到病原之侵襲，還受到許多環境因子以及栽培管理方法等之影響。這些因子能夠影響樹病之發生或是發病程度。以下即敘述會影響植物發病的一些重要因子。

（一）營養（Nutritions）

　　樹木的營養狀態不正常時，病害較容易發生。其營養狀態與土壤中肥料成分有密切的關係。一般來說氮肥過多，以及缺乏磷、鉀肥時，病害較容易發生。但肥料之間相互關係非常複雜。

　　佐藤等（1959）研究施肥與柳杉灰黴病之關係，發現不施氮肥時，發病較少。磷、鉀肥則對發病無顯著影響（表4-1）。

表 4-1　肥料要素與柳杉灰黴病之發生（佐藤、庄司、太田，1959）

區別	發病苗率			
	嚴重	中度	輕微	計
PK	0	0	48	48
NK	0	1	83	84
NP	0	0	71	71
NPK	0	2	75	77
無肥料	0	0	45	45

　　而在苗圃期施用氮肥，會影響造林後發病較多，而施磷鉀肥者發病較少，而僅施用堆肥者，造林後灰黴病發生最多。

　　在苗圃土壤氮肥過多，而石灰、磷酸缺乏之情況下，鐮刀菌（*Fusarium* spp.）引起之松樹（*Pinus resinosa*）苗猝倒病，發生較為嚴重（Tint, 1945）。

　　一般來說，氮肥過多時，柳杉赤枯病發生較多。但是根據實驗顯示，在氮肥全然欠缺時，以及缺磷、鉀肥時，本病有嚴重發生的傾向。

　　在落葉松落葉病（Needle cast）（*Mycosphaerella larici-leptolepis*）與肥料三要

素之研究，缺鉀肥時，病害發生最嚴重。而三要素均衡施肥時，病害發生最少（塘等，1965）。

通常在氮肥含量最高，或是施用氮肥較多的林地，木材腐朽的發生也較為嚴重。例如：花旗松的樹幹心材腐朽（conk rot）（*Cryptoderma pini* = *Fomes pini*）在氮肥多的林地發生較多。

（二）溫度（Temperature）

溫度能影響病原體及寄主植物體之活動，因此也是影響發病的重要因子。一般來說，病原體生育之適宜溫度和樹木生長之適宜溫度相當接近。大部分菌類成長之最適溫在25-28℃，但灰黴病菌（*Botrytis cinerea*）在接近0℃時，仍能生長；而暗色雪腐病菌（*Rhacodium therryanum*）在-4℃時，仍能生長。

除了一些例外，一般而言秋冬之際溫度低，各種疾病或不發生，或發生較少，其原因為在此低溫條件下，病原體之活動停止之故。但灰黴病（*Botrytis cinerea*）、菌核病（*Sclerotinia sclerotiorum*）等，其病原菌較喜歡低溫者，在冬天至初春之低溫時期發生較多。有些病原菌在高溫下，生長或繁殖都較佳，則其引起的病害在夏天發生較多，例如白絹病（*Sclertium rolfsii*）。

溫度對病原菌及寄主都有直接、間接影響。例如白楊之潰瘍病，其病原菌*Dothichiza populea* Sace.為比較好低溫之菌，在16℃時菌絲發育最好（Hubbes, 1959）。Hubbes（1959）以菌絲傷口接種到白楊，壞死皮層面積之大小在比菌絲發育最適溫16℃稍低的10℃時最大，4℃時被菌絲侵害之寄主細胞變褐色，其內容物凝固，與健全部交界處沒有木栓層（wound periderm）形成，因此菌絲未受到抵抗，而可到達形成層及髓的組織。在10℃時，寄主細胞有反應而開始木栓化，但是在此溫度時，反應速度慢而來不及阻止病斑面積擴大。因此時菌絲生長較4℃時好，因此病斑也較大。在16℃以上接種，在病斑周緣的木栓化反應迅速，菌絲及毒素之向外擴展被阻止。

佐藤（1964）以落葉松梢枯病之柄孢子接種，發現在20℃以上至30℃時，病害發生旺盛，而在15℃以下發生很少（表4-2）。

表 4-2　落葉松梢枯病之發生與氣溫之關係（柄孢子接種）（佐藤，1964）

氣溫℃	罹病枝率 %
10	0
15	17
20	23.3
25	23.6
28	51.6
30	59.7

　　日燒（sun-scald）以及凍霜害造成之傷口，為引起枝枯或潰瘍性病害之重要誘因，例如泡桐腐爛病（*Valsa paulowniae*）、落葉松潰瘍病（*Trichoscyphella wilkommii*）、白楊潰瘍病（*Valsa sordida*）、栗枝枯病（*Cryphonectria parasitica*）以及木材腐朽等。

（三）溼度（Moisture）

　　可利用之水分對微生物生長是絕對需要的。自由水或高的相對溼度有利於大多數的植物病原菌之生長及繁殖，也就有利於病害之發生。在自然環境中，溼度的來源很多，例如：雨、雪、霧、露以及從植物葉緣滲出之水滴等。

　　柳杉赤枯病菌（*Cercospora sequoiae*）之生孢子發芽時，需要之相對溼度為RH92-100%；落葉松落葉菌（*Mycospaerella larici-leptolepis*）子囊孢子需RH 94-100；櫸白星病菌（*Septoria abeliceae*）之柄孢子需RH 98-100%；胡桃白黴葉枯病菌（*Sphaerulina juglandis*）之分生孢子需RH 94-100%。空氣溼度成為病原菌孢子發芽之重要限制因子，在溼度低時，大多數孢子無法發芽。

　　Schwenke（1960）研究白楊葉枯病（*Septoria populiperda*）發病與溼度之關係，發現接種10小時之內（菌絲接種），空氣中相對溼度在93%以上時，其感染率達100%，而在RH 77%以下時，則不感染。同時又發現菌絲接種比孢子接種早完成，以菌絲接種，溼度維持98-100%、18小時以上，其感染率即達100%；而以孢子接種，則維持RH 98-100%，50小時，其感染率僅達90%左右。

　　高溼度不但有利於孢子發芽及菌絲生長，也有利於產孢構造及孢子的形成。因

此一般來說，長時間之高溼度或降雨有利於樹病之生。但白粉病則是於乾旱時期發生較為嚴重。

（四）光線（Light）

微生物對環境之光線相當敏感；而細菌又較真菌為敏感。許多微生物對全日光（full sunlight）之10^{-9}強度之光即有反應。一般真菌的產孢需要光線的照射。但在長時期的全日光照射下，對大多數植物病原菌可能會有致死效應。

由於日光對許多病原菌之不良影響，導致它們之孢子散布及侵入寄主都在晚上發生，例如 *Cronartium ribicola* 之柄孢子及擔孢子主要在晚上釋放。這種行為，對於那些對紫外線敏感之病原菌特別有重要意義。

植物也能經由吸收及反射之方式，改變光線之質與量，一般認為這種改變有利於植物病害之發生。

光線不足時，植物光合作用減少，而致生育不良，而且造成徒長，組織軟弱，這些都有利於病原菌之感染。所以通常光照不足時，病害發生也較嚴重。

（五）風（Wind）

氣流與病原體之散布有很大的關係，其散布之情形，一般常以煙囪之煙及塵粒之分散及降落之模式來說明。

風吹過植物表面時，能影響到其表面之溫度及溼度，因而影響到植物病菌之發芽、入侵及發病等。帶有雨水或高溼度的風，常有助於病原之散布及感染，因此有利於病害之發生。

風，尤其是強風，常造成植物體受傷，而促使病害容易發生。例如強風吹過，使柳杉之枝葉搖動，其尖的針葉彼此刺傷，而有利於暗色枝枯病（*Macrophoma sugi*）之發生（小林，1957）。在風帶當地之林分較保護林帶內發生更為嚴重（佐藤等，1965），在落葉松成長期間，3m/秒以上之風速吹送時間超過1,700小時，遠較1m/秒風速吹送者，發病大為增加。而臺灣，在颱風過後，也常造成杉木葉枯病（*Pestalotiopsis* spp.等引起）之嚴重發生，甚至使得整株樹的枝葉幾乎完全枯死。

（六）雪（Snow）

積雪使得柳杉苗菌核病（*Sclerotinia kitajimana*）、松、柳杉灰黴病、針葉樹暗色雪腐病（*Rhacodium therryanum*）及雪腐病（*Herpotrichia nigra*，*Neopeckia coulteri*等）等病害易於發生。其原因主要為針葉樹在積雪下，黑暗且又過潮溼，僅靠夏秋貯藏之養分，保持生命力，其活力降低。另一方面在積雪下，其他黴菌等微生物無法生長，只有這些耐寒之病原菌得以生長繁殖，並感染寄主植物，在雪融後，造成被害組織的腐敗。另外，因積雪沉重，造成樹木枝條斷折或受傷之傷口，也成為病原侵入之途徑，使得某些病害容易發生。

（七）土壤性質（Nature of Soil）

土壤中之許多性質能影響到樹病之發生，例如土壤pH值、水分、土壤結構等。

根頭癌腫病（*Agrobacterium tumefaciens*）之發生與土壤pH值之間，有密切關係，在pH6.8時，被害率32%，而在pH值5時，被害率僅3%（Singler, 1938）。也就是本病在土壤pH值較低而呈酸性時發病較少。在偏中性或微鹼性時，發病較為嚴重。

Phytophthora、*Pythium*、*Fusarium*、*Rhizoctonia*、*Botrytis*以及*Rhizinia inflata*等引起Douglas fir、Sequoia等之苗猝倒病，在pH值8時，發生最為嚴重，在酸性土壤中則發生較少（Schonhar,1955）。*Rhizoctonia solani*及*Fusarium* spp.引起之針葉樹幼苗猝倒病，在土壤酸度呈中性至鹼性時發病較多，而在酸性土壤有發生較少的傾向。

紫紋羽病（*Helicobasidium monpa*）在土壤固體容積百分比較低，含C量高，C/N比大於10以上，開墾後年數較少而未分解有機質含量多的土壤發生較多。相反的，白紋羽病（*Rosellinia necatrix*）則在土壤固體容積百分比較低，C含量低，C/N比低於10以下，開墾後年數較久，未分解有機質少的土壤發生較嚴重（鈴木等，1959）。

桑樹萎縮病在地下水位高的情況下，發生較嚴重（岡部，1958）。另外土壤水位較高以及排水不良者，由*Phytophthora* spp.引起之根腐病發生較為嚴重。

幼苗猝倒病在土壤潮溼及排水不良情況下發生較嚴重。Boyce（1953）指出腐朽菌引起之樹幹腐朽受到土壤水分之影響，*Cryptoderma pini*引起之花旗松樹幹腐朽在過度排水之土壤發生較為嚴重。而且在土壤表土12吋以下之淺土層者，發生較多。

在美國南部地區，早期因砍伐森林而造成表土流失，以致土壤貧瘠。其後造林之短葉松（*Pinus echinata*）及德達松（*Pinus taeda*）在生長到達二十年以上時，樹勢逐漸衰弱，加上土壤排水、通透性不良，而細根遭受*Phytophthora cinnamomi*之侵襲，而其樹勢原本即衰弱，受害之根部再生能力弱，以致細根逐漸減少，導致樹勢更加衰弱，長出之葉片變短小，逐漸黃化而凋落，數年後松樹逐漸凋萎枯死，即是所謂之小葉病（little leaf disease）。

（八）動物造成之損傷（Animal injury）

昆蟲、老鼠、松鼠及其他動物取食而造成的傷口，提供了病原菌很好的入侵途徑。尤其是引起枝枯病、潰瘍病以及木材腐朽及根部腐朽之病原菌，經常由動物造成之傷口感染。

（九）育林方法（Forest practice）

育林方法會影響到苗圃或林地內之環境，從而影響到樹病之發生。正確的育林方法，可以減輕樹病之發生。

在苗圃，播種過密時，容易導致幼苗猝倒病等之嚴重發生。因密植時，土表面較為潮溼，幼苗較易徒長而組織柔嫩，使得病原菌易於生長及侵入，而使病害發生嚴重。在林地密植，使得環境潮溼陰暗，有助於病原菌之繁殖及感染，發病當然較嚴重。例如在日本調查落葉病及梢枯病和栽植株數之關係，發生栽植株數從1,000～5,000株/公頃，密度越大發病越嚴重（佐藤等，1965；千葉等，1965）。

疏伐可增加林內日照量，改善通風，林木生長較佳而防禦力較強，同時陰溼而適於病原菌生長繁殖及病害發生的環境改良，並且疏伐除去罹病木及衰弱木，減少感染源等，皆可使樹病之發生減少或減輕。例如疏伐可有效減少以下病害之發生；柳杉黑粒葉枯病（*Mollisia crytomeriae*）、枝枯菌核菌（*Sclerotium* sp.）、檜葉震病（*Lophodermium chamaecyparisii*）、松葉震病（*L. pinastri*）等。

修枝也能改善通風及日照等。河田（1944）於15年生之Strobus pine，將枯枝等修打掉，其程度約增加日照量1.4倍（從4.2%到6.2%），林內之蒸散量從9.7～16.0%增加到12.0～20.7%約1.2～1.5倍。其對環境之影響約等於輕度間伐。落葉松落葉病（*Mycosphaerella larici-leptolepis*），一般在底下之枝條發生較多，如將下枝除去，使被害減輕之實例可供參考。又如*Cryptoderma yamanoi*引起之*Picea jezoensis*樹幹腐朽病及*Phellinus hartigii*引起絲柏（*Thujopsis dolabrata*）、日本冷杉（*Abies firma*）、鐵杉（*Tsuga sieboldii*）等溝腐朽病，其病原菌從枯枝侵入，因此適期修枝，可有效減少這些病害發生。

但如果修枝操作不當，則可能反而提供腐朽菌等入侵之途徑，而使得林木之木材腐朽變得更為嚴重。

許多病原菌可在落葉上越年，到翌春再釋放出孢子成為接種源。因此清除落葉將之燒毀或埋入地下等，可減少病害之發生。例如將落葉松之落葉以闊葉樹之葉片被覆，可減少落葉病之發生。所以，針闊葉林混合造林可以減少很多病害之發生。

五、流行性傳染病

傳染病之發生，係從單一或若干連續性的罹病植株開始，從中心點向外分散病原體，而侵入鄰近的植物體，造成病害在全苗圃、全林分、全地域性及至全國或甚至在國際間蔓延。

如果傳染病係不規則，不連續而分散的發生，即稱為散發性（sporadic, scattered）之病害，例如白娟病、蛛絲病（*Thanatephorus cucumeris*）等。

相反地，如同一時間或前後在一定地方，發生多數同一疾病，即稱為流行性（epidemic）病害。換句話說，病原體在一地方、一國或一大地域，於一定期間內侵害多數之寄主個體，即係發生流行病，例如柳杉赤枯病（*Cercospora sequoiae*）之發生。

傳染病如果係長時間存在於有限的場所，每年皆會發生，但並不成為流行病，即稱為風土病（endemic disease）。例如在日本發生的落葉松潰瘍病（*Trichoscyphella willkommii*）、松葉枯病（*Cercospora pini-densiflorae*）等。

（一）流行性病害發生之例子

在某一地區流行病發生時，會侵害多數植物。如果此病害擴大侵害其他新地區，稱進行性（擴大性）流行病（progressive epidemic）。如果病害係不僅在一國內，而係在世界各國廣泛發生，稱世界的流行病（pandemic）。例如白松泡銹病、荷蘭榆樹病、栗枝枯病等。

1. 白松泡銹病（Whitepine blister rust）

本病病原為*Cronartium ribicola*，原產於阿爾卑斯山脈（Alps）一帶及亞洲東北部，為害Arolla松（*Pinus cembra*），造成風土病。本病潛伏於苗木被運往西方，經西伯利亞西部，東俄羅斯到達歐洲。在歐洲寄生於Arolla松及*Pinus peuce*上。但因這些松類係屬高山性樹種，經濟價值低，而且具有較強之抵抗性，發生並不嚴重，因此當時並未引起世人之注意。同時本病菌也感染其中間寄主——野生的茶藨子屬（*Ribes* spp.）植物，而形成一種風土病。

十八世紀初期，歐洲從北美引進用途高之白松（*Pinus strobus*），其對本病沒有抵抗性，遂受到嚴重侵害而成為重大問題。1854年在德國及俄羅斯的白松上確認此病原菌之寄生，此後逐年擴大發生地區。1860～1870年代擴大至芬蘭、瑞典等；1880年代在丹麥；1890年代在德國、瑞士、比利時、英國等地成為流行病；在英國到1909年，由於本病的危害，使白松之栽植呈現絕望。本病發生慘重的原因之一，係歐洲之栽培種茶藨子（*Ribes nigrum*）為本病之中間寄主，對本病呈感病性。同時在林地中，野生之茶藨子也到處存在。

在北美大陸，原先並無本病菌存在，但本病菌之中間寄主茶藨子屬植物及寄主白松（*Pinus strobus*）等松類，在北美普遍分布，其情況與歐洲發生本病相類似。在北美由於白松為最有用樹種之一，連年伐採，至1900年左右優良林相漸少，而有大規模人工造林之必要。此時造林用苗之培育不敷需求，而在美洲育苗較自歐洲進口不經濟。美國政府為鼓勵造林，特在此一時間免除關稅，而從歐洲大量進口松苗，此時歐洲之松樹已嚴重發生泡銹病且蔓延很廣，為了怕本病潛伏在苗木而自歐洲傳入美國，Dr. C.A Schenk曾發出警告，但當時各界無視於這個警告，仍自歐洲進口大量松苗，當幾年後，植物檢疫法開始禁止苗木進口時，已有數百萬株以上的苗木輸入美國，其中含有許多罹病苗。

1906年於紐約州，發現茶藨子的葉片有本病原菌寄生。1910年，在從法國輸入之白松苗木確認有本病存在。另一種說法是1898年以前，在新英格蘭地區即已發現本病，此後在東部各州廣泛蔓延，而後波及西部各州，在二十年間已擴及北美的五葉松生育地，從*Pinus strobus*傳染至*Pinus monticola*、*Pinus lambertiana*等，而成爲嚴重的流行病。

2. 荷蘭榆樹病（Dutch elm disease）

本病的病原菌爲*Ophiostoma ulmi*（*Ceratocystis ulmi*），其起源爲從荷蘭傳至歐洲其他地區。另一種說法爲本病原菌係從亞洲傳入歐洲，而在古時即曾發生於法國。第一次世界大戰後的1918，最初確認本病發生於荷蘭，在數年內蔓延至全國的堤防、街路樹、綠蔭樹，嚴重爲害而造成榆樹枯死，到1953年荷蘭全境之榆樹，僅剩下發病前的不到5%。

1920年傳至挪威，1919～1921年侵入比利時、法國。英國爲防止本病傳染而禁止輸入苗木，但在1926年在倫敦附近發現本病發生，1929年在義大利及羅馬尼亞發生，不久即擴大至整個歐洲地區。

1939年在美國的俄亥俄州發現本病發生，1933年傳至北部的新澤西州，此後逐漸擴及東部及中部各州，而後蔓延至全美各州，爲害相當嚴重。本病係從歐洲進口高級三合板原料，而輸入的圓木而將本病原菌帶入美國（一說係從法國進口者）。最初發生係在本材加工廠及木材輸入港附近並以此爲中心向外蔓延，其蔓延速度每年約10公里，在發病地區約60～70%以上之榆樹因本病而枯死。

（二）流行病成立之條件

樹木發生的疾病很多，但成爲流行性病者僅有限數種，發展成流行病，應具有以下數項基本條件：

1. **罹病性寄主多數存在**：在林木單一樹種及大面積造林之情況，流行病容易發生。此因林木多數相鄰接，使病原體蔓延容易，此外罹病性的中間寄主，大量存在，也會影響流行病的發生。

2. **侵害力強的病原體**（aggressive pathogens）**存在**：侵害力強的病原體，係流行病發生的當然要件，再配合寄主沒有抵抗性以及環境不良使樹勢衰弱，還有氣候

條件適於發病，則會引起流行病。

3. **適當的環境條件**：環境條件包括多數因子，包括溫度、溼度、降雨量、媒介昆蟲等，一方面助長病原體之生長繁殖，一方面使寄主林木活力降低。

以上三個條件，如果不能同時成立，則流行病無法發生。如果三項條件能配合，則流行病可能在短期間內，很快的發生而蔓延起來。

（三）林木栽培上之流行病學之考慮

大多數農作物之栽培係在大面積土地上密集管理同一種作物，此種耕作是違反自然而在生態上不穩定的情況。在林業上來說，其管理較粗放，比較讓其在自然狀態下生長，在此情形下，一般考慮的是原生的病原菌和原生的樹種。此種自生寄主和病原菌共同存在的情形，造成了二者之間的平衡，只有少數的樹會發生病害。只有小地區而且暫時性的發生，但在通常之生態型式，係病原體和寄主之間呈現相當穩定的聚落（community）。

但不幸地，在森林實際經營中，卻有許多違反此種生態平衡的情形，而打破寄主和病原菌之間的平衡。

1. 單一樹種林地（Monospecies plantations）

當森林經營比較密集時，單一林木常被種植於大面積土地上，而且樹齡也均一化。此種情況類似農作物之栽培，係違反自然。同時為使木材生長符合經濟利用，採用育種手段或選擇，使基因單純化，也容易造成流行病的發生。

2. 引進病原體（Introduced pathogens）

外來之病原體，例如白松泡銹病、荷蘭榆樹病等，往往特別具有毀減性。主要是當地樹種並未和病原有過共同演化之經驗，因此沒有經過篩選（selection），而不具有遺傳性的抗病性，使得寄主呈現強罹病性。

3. 引進之樹種（Introduced hosts）

與引進之病原體相似，引進的植物往往對當地之病原體沒有抗病能力，容易演變成具威脅性的流行病。

4. 原生病原體擴展其族群

原生之病原有時因某些因子之影響，突然大量增殖，使得感染源量大增，加上環境之配合，從而導致流行病之發生。

CHAPTER 5

樹病之防治

一、病害防治之一般觀念

在討論各別之防治方法時，必須先明瞭一些與防治有關的觀念。植物病害之防治主要即是要減輕某一特定病害可能造成的損失量。在非生物性因子病害中，防治可能牽涉到環境的改變，以減輕不利因子的危害，或是增加植物對不良環境之抵抗性。在生物性因子病害中，防治步驟通常係嘗試使環境因子不適合病原體之發芽、生長及感染，減少病原體之族群大小，或增加寄主之抗病性。

病害防治措施或偏向於改良環境因子，或偏向於減少病原族群之大小，或是偏向於增加寄主的抗病性。一般的想法，常是在如何完全將生物性病原去除。其實，這並不需要也不符合實際，事實上在多數情況下也不可能達到。如原生的生物性病原，通常處在有利及不利於其發展的環境因子輪迴下，因此其族群大小也有擴張及收縮之輪迴，反應了其變動的情況。因此在土生的植物病原，防治即是將病原族群從高峰數量減少到較正常之數量。防治措施之採行並非容易決定的。在採取防治措施前有三項要素必須考慮：生物學、生態學以及經濟因素等。

在防治計劃所要考慮的生物學因素，即係特別的機制，而可產生更健康的環境，或減少生物性病原的族群大小。例如，吾人了解殺菌劑二氯萘醌（Dichlone，大克爛）能殺死病原眞菌*Venturia inaegualis*，利用二氯萘醌來防治蘋果黑星病是可能的，此即爲生物學上之考慮。或某些樹種或品系具有抗病或耐病之特性，吾人即可此一特性，栽植此等樹種，以減輕病害之發生。

防治措施在生態學上之考慮，其層面即可能較廣，例如，它可能考慮到在防治計劃中牽涉到的環境因子之重要性，二氯萘醌（Dichlone）在29℃即開始昇華，造成其在施用藥劑的葉片上消失，此項事實，使得其只能應用在較北方的蘋果生產區，或避免在較熟的季節使用。

生態學上之關係，還要考慮到生態系內與生物學、社會學以及政治因素等之關係。例如，鳥類保護區或魚類孵卵區，即不應使用對鳥類及魚類有較強毒性之藥劑，如：有機氯劑噴施來防治荷蘭榆樹病菌*Ophiostoma ulmi*的媒介甲蟲，以防止感染榆樹，因爲在食物鏈中，有機氯會進入鳥或魚的體內，並且累積至引起致死的量。如此將造成對生態環境之衝擊。

在決定防治方法時，在經濟上的考慮，促使防治措施僅在其花費之費用較回收利益為低時方被採行。事實上在進行防治工作時，很難去估算並比較防治的支出與收益。經濟上的限制是森林病害防治措施比農作物防治措施要少採行，方式也較簡單的最主要原因。造成此種經濟限制的因子很多，主要為：單位面積林木的價值相當低、樹體型較高且體積龐大、樹收穫及輪伐期太長、森林經營的範圍大而地形變化也大，以及林地的經營較粗放等。

從歷史來看，以往森林病害防治主要是偏重於一些簡單育林操作。然而近年來，應用在觀賞及森林樹木的防治方法，越來越複雜化。而且由於對木材產品以及美好（高品質）之造林木等需求增加，林地面積減少而致森林經營管理趨集約化，以及樹木及土地價格上揚等因素，病害防治工作會日漸重要。

有許多證據顯示，規劃良好的森林病害防治計劃是有效的（Hepting, 1970）。例如：實施病害防治計劃有效的減少櫟樹萎凋病（oak wilt）之散布，在Pennsylvania為76%，West Virginia為50%，North Carolina-Tennessee為42%。另外在大芝加哥地區，五個未實施荷蘭榆樹病防治計畫的地區，損失了80～94%的榆樹；而在同一區域當中，28個實施病害防治計畫的地區，只損失了5～15%的榆樹（Neeley, 1967）。

二、病害為害之調查

在病害發生以後，首先要調查其發生原因。明白病害發生的原因，還要掌握實際發病狀況以及傳播的速度，才能確立正確的病害防治對策，並且施行之。

當病害出現流行病發生的徵象時，越早有調查結果，越早採行防治對策，則對病害的防治效果越佳。然而林地一般面積大，又常處於地勢陡急的山岳地帶，加上交通不便，因此調查工作常是費時費力而又需大批人手。

大面積的調查，可以利用飛機或直升機到林地上空觀察，在美國早已利用於櫟樹萎凋病（*Ceratocystis fagacearum*）、白松泡銹病（*Cronartium ribicola*）等調查，並予以攝影，將照片在研究室中判讀，可減輕很多調查工作之人力及費用。尤其近年來彩色攝影之進步，利用紅外線攝影等，可以在病徵初期的色彩變化上，做出正確的判斷。

近年來人造衛星之遙測技術的進步，更可進行大面積的病害調查，並可定時攝影，確實掌握病害發生情形、蔓延狀態及其速度等。

三、病害防治法

為了減少病害發生所造成的損失，植物病理學家們發展出許多方法來預防病害的發生，或是當病害發生後去管理他，使得病害不致繼續造成損害。植物病害防治（或稱作管理）最重要的觀念，就是要有「預防重於治療」以及「早期防治」這兩項觀念。病害防治最好就是做好預防工作，使病害不發生，這就是最好的防治策略，及所謂「防患於未然」。一旦發現病害發生，則是越早開始採取防治措施，所受的損失越少。尤其在病害蔓延開來以前，隨即採取防治措施，可使將損失降至最低，而且可避免許多日後衍生出的各種問題。

以下即針對病害管理上常用的方法，逐一論述：

（一）排除病源（Exclusion）

為了防止生物性病原進入某一特定地區，因而造成植物病害之發生，必須採取一些預防措施，主要有以下數項：

1. 檢疫（Quarantines）

在本地區或本國未發生過的病害要經由檢疫法規之規定，以防止其引進。許多森林病害已知可由種子、苗木或原木，木製品等之攜帶而傳入。

在國際上聞名而曾經造成重大危害的幾種林木流行病，例如，栗枝枯病（*Cryphonectria parasitica*）、白松泡銹病（*Cronartium ribicola*）、荷蘭榆樹病（*Ophiostoma ulmi*）等，都是在引進種苗或原木等時不慎攜入，以致釀成大害。在如日本發生之根頭癌腫病（*Agrobacterium tumefaciens*），其病菌也是從南美引進櫻桃苗時，經由帶病苗木而進入日本。

檢疫法規越完善，檢疫工作進行得越徹底，再加上國民守法，始能將病害傳入的危機減至最低。

2. 繁殖材料之選擇與處理

很多林木病害可經由種子、接穗、根苗、苗木等繁殖材料而傳播。因此如何獲得不帶病原的繁殖材料，是防止病害發生或進入新地區的方法。

選擇不帶病原的繁殖材料，似乎是相當簡單而容易成功的工作。就切苗以及切穗來說，可能有病徵以及病兆存在，而有利於將帶病苗挑出。但仍有許多初期感染或潛伏感染者，外表沒有任何病徵，而很難確定。

不帶病原的種子選擇相當困難，因在種子上常缺乏病徵及病兆。種子檢定工作在很多農作物上都有相當的進展，而在林木種子上，則少有一套檢定的規則及技術。而種子經由藥劑處理，可以減少其帶病原之危險。

採取種子、接穗及繁殖苗木等作業，最好是在沒有病害發生地區進行。如果認為繁殖材料有帶病原的可能時，可利用藥劑處理或溫水處理以殺死其中可能潛伏之病原。

（二）撲滅病源（Eradication）

1. 去除傳染源

在比較小面積的區域，例如溫室或苗圃，或者發病植物僅占整個族群較小比率時，將發病植株去除，是一個相當有效而花費少的病原撲滅方法。

有幾個著名的去除傳染源的例子。一為美果根除柑桔潰瘍病菌*Xanthomonas citri*的努力。在1910年從日本引進溫州蜜柑及枳殼砧木時，將病原細菌引進到美國南部佛羅里達州帶。隨後確認本病在美國發生之後，美國南部8個州及美國農部，即展開一項撲滅病源的運動。在隨後幾年，數以百萬計的柑桔病株被毀滅，包括果園、觀賞植株以及野生棲所的柑桔屬植株；檢疫及大量植株毀滅被徹底執行。佛羅里達州在1927年以後，即沒有再見到本病發生；最後撲滅本病的路易斯安那及德克薩斯兩州，也分別1941及1940以後即沒有柑桔潰瘍病的發生。

另一個例子為落葉松潰瘍病菌*Dasyscypha wikkkommi*i，從麻薩諸塞州東部被撲滅的故事。本菌在歐洲引起落葉松（larch）屬樹木的潰瘍病，而且引起重大損失。於1927年，*D. willkommii*發現於麻州的兩處地方，感染歐洲落葉松上，此樹種係自英國引進。所有罹病樹立刻被消毀。在1935及1952年在同一地方又被兩度發現本菌

發生於歐洲落葉松上，而罹病株也立刻被去除，從1952年以後，本菌即未再出現於引進落葉松上，因此可以推斷本病菌已被完全撲滅。

即使不是完全撲滅病原，去除罹病株、罹病枝、葉或帶有病原菌的枯枝、落葉等，也能減少病害發生，而為病害防治之一有效手段。例如有柳杉赤枯病菌（*Cercospora sequoiae*）在罹病葉或莖的經織內，以菌絲塊狀態越冬，在翌春在形成新的分生孢子，而成為第一次感染源。因此在早春以前除去罹病株並燒毀，可以減少第二年的發病，為本病的重要防治措施之一。

2. 除去雜草或中間寄主

除去中間寄主是防治樹木銹病的重要手段。例如在北美洲發生的白松泡銹病（*Cronatium ribicola*），將造林地為中心一英哩以內的茶藨子（*Ribes*）屬植物全部去除撲滅，可以得到本病的良好防治成果。在臺灣的梨山地區，一度發生嚴重的梨赤星病（*Gymnosporangium haraeanum*），也是除去病原菌的中間寄主龍柏後，得到良好的結果。

除去中間寄主在理論上是很好的防治對策，但有時在實施上有很多困難存在。

例如引起赤松銹病的*Coleosporium*，其中間寄主為菊科植物，而菊科植物種類及數量都很多，在林地內外到處可見到其蹤跡，並且生長期短而生長快速，想要全面撲滅，在實行上有很大的困難。

有些病原菌寄主範圍很廣，除了主林木外，還能感染多種雜木或雜草，去除這些寄主也能減少病害之發生。例如*Macrophomina phaseoli*能感染300種以上的植物，包括農作物、林木幼苗及雜草引起炭根病（charcoal root disease）。在美國加州，除去罹病性雜草，為林木苗圃防治炭根病的一項重要措施。

（三）避病（Avoidance）——耕作及育林之防治法

1. 施肥

由於樹木的生理狀態會影響到病害的發生，如美國南部之松樹之little leaf。因此適當的施肥，可以使林木生長良好，增加其對病害之抵抗力，而減輕病害之損失。如竹簇葉病，在竹區施用複合肥料，可減輕病害之為害。但如施用氮肥過多，會引起植物發生徒長，較易受到凍霜害，而且也容易誘發多種病害，例如各種潰瘍

性病害、針葉樹苗雪腐病、柳杉赤枯病、針葉樹幼苗猝倒病等。

在北海道地區的落葉松林地，長期放牧牛隻之後，由於其糞便之肥效以致樹木生長良好，樹齡約40年者齊胸高直徑達40cm。但是此種林木易受到凍害而引起凍裂，此種傷口有利於腐朽菌*Phellinus hartigii*之侵入，40%以上的立木罹病而引起溝腐病（今關，1962）。

施肥有時反會引起某些病害發生較嚴重。例如：松紡錘型銹病（*Cronartium fusiforme*）為害slash pine等，當施行耕耘及施肥作業後，松樹的休眠會被提早打破，而早起生長，此種狀態使菌的小生子較容易侵入及引起發病，這就是施肥後本病會發生較嚴重的原因。

2. 輪作（Rotation）

在森林苗圃由於連作引起病害逐年發生嚴重的例子很多，例如落葉松苗猝倒病、椴松雷丸病（*Sclerotium* sp.）、赤楊類蛛絲病（*Thanatephorus cucumeris*）、赤楊褐斑病（*Septora alni*）、泡桐根瘤線蟲病（*Meloidogyne incognita*）等。因此如在苗圃以不同樹種或其他作物實施輪作，可以減少某些病害之發生。但如在林木苗圃輪作時，以黃花羽扇豆及青刈大豆做輪作時，如植株留在苗床上，會使幼苗立枯病（猝倒病）嚴重發生。

如果林地之根腐病或木材腐朽病發生嚴重時，在砍伐後重新造林時，不可造同一樹種或其他罹病樹種，應選擇其他非感病性樹種，以減少造林後之損失。在美國Oregon，林地先種植赤楊經約30年後，再種植針葉樹，可大大減少*Phellinus weirii*對針葉樹引起之根腐病。

輪作時，要注意的是輪作所採用的各種植物必須是病原菌的非寄主，如果皆是病原菌的寄主，則不但無法達到減輕病害的目的，還可能加重病害之發生。有些病原菌之寄主範圍廣泛，則很難利用輪做來達到防治之目的。例如：*Pythium* spp.及*Rhizoctornia solani*等所引起的幼苗猝倒病，即是一個例子。

3.設置遮斷溝

經由罹病根接觸而蔓延的病害，如白紋羽病（*Rosellinia necatrix*）、紫紋羽病（*Helicobasidium monpa*）、針葉樹根株腐病（*Fuscoporia weirii*），以及蜜環菌

（*Armillaria mellea*）引起之根腐病，在樹病的周圍附近掘溝，可防止病害蔓延。

4. 器具機械及作業者之清潔

在美國發生之合歡萎凋病（mimosa wilt），其可在廣大地區發病的原因之一，係其病原菌可經由車輛的輪胎汙染的土壤，傳播到遠處。其他多種土壤病害，也可經由車輛及耕耘整地所使用之機械器具而傳播。因此從病區開出之車輛及機械應以清水或消毒水清洗乾淨後離開。銹病、白粉以及柳杉赤枯病等的病菌孢子，可經由衣服攜帶而傳播健康苗木。

此外接木、剪定、整枝等所用的器具以及指頭等，也可以傳播多種病原，因此以70%酒精或1%漂白水浸洗，可以防治病害之傳播。例如根頭癌腫病菌（*Agrobacterium tumefaciens*）在作接木時，可經由接木刀及指頭而傳染。櫟樹萎凋病（*Ceratorcystis fagacearum*）可經由使用的斧及鋸而傳播病原菌。另外在臺灣發生的竹類嵌紋病（Bamboo mosaic virus）也可經由採筍之農具而傳播。

5. 傷口處理

根頭癌腫病菌、各種潰瘍病菌、木材腐朽菌等，經由傷口侵入的例子很多。而樹木本身有形成癒合組織治癒傷口的本能，因此在傷口塗上殺菌劑、蠟或其他藥劑，使傷口加速長出癒合組織，即可減少病害之感染。近年來，在國外有以*Trichoderma*等拮抗微生物塗佈或噴施於傷口表面，以防止病原菌之侵入，能有效防治病害之發生。

6. 防治昆蟲

有許多林木病害，如荷蘭榆樹病（*Ophiostoma ulmi*）、松樹萎凋病等，係經由媒介昆蟲傳播，因此防治其媒介昆蟲，也能達到防治病害之目的。在日本，防治媒介松材線虫的松斑天牛，即是防治松萎凋病之重要手段之一。

有些病害，如煤病（sooty mold）、膏藥病（*Septobasidium* spp.）等，係由蚜蟲、介殼蟲等存在而誘發，故防治此等昆蟲即可防治病害。

栗枝枯病（*Cryphonectria parasitica*）多在各種昆蟲的食痕為中心而發生，因此在集約管理的栽培地，要定期進行昆蟲防治工作。

7. 樹種混交

大面積的單純林相，一般容易造成種種障害的發生，病害也不例外，一但病害發生，常以很快速度蔓延而造成重大的損失。例如在美國北部發生溼地松及德達松的紡錘形銹病（*Cronartium fusiforme*），在二者的單純林或此二者的混交林都被害多而嚴重。花旗松落葉病（*Phaecryptopus gaumanni* = *Adelopus gaumanni*）在單純林時發病較嚴重，而在針葉樹與闊葉樹的混交林，則被害較少。松葉震病（*Lophodermium pinastri*），及檜葉震病（*L. chamaecyparisii*）等在純林時發生嚴重，而在林中有闊葉樹存在時，發生輕微。另有許多病害在單純林危害嚴重之報導。

吾人雖知混交林比單純林較能防治病害之發生及蔓延。但混交林中樹種的選定以及栽植形式都是值得研究的問題。例如引起Pine-oak rust（eastern gall rust）的 *Cronartium guercuum* 之異種寄生的寄主為松類及櫟類，如兩者混交，病害發生反而嚴重。因此要考慮是否互為中間寄主或者為病原菌的共同寄主之問題。

理論上混交林採用之樹種越多越接近自然生態系，對病害之減輕越有效，但在實際操作上有其困難存在。此外，還要考慮混交之不同樹種，是否能適應於同樣的生活環境，以及互相之間是否能適應等種種問題。

8. 保護樹帶

在北海道的嚴寒地帶的落葉松人工林發生之潰瘍病（*Diaporthe conorum*），在皆伐式的跡地同時造林的情況下，病害發生嚴重，而在栽植木旁留有殘存樹木作為保護者，本病不發生。其原因為本病原菌通常從凍霜害以及日燒造成的傷口侵入而造成發病。在造林地有雜木殘存的情況下，對於落葉松幼苗提供保護，避免栽植的苗木受到此傷害。因此在造林地設置保護帶可達到預防本病的效果。

又如落葉松梢枯病（*Guignar laricina*）常發生於當風地，在生育期經常受風和本病發生有密切關係。在闊葉樹砍伐後栽植落葉松時，先保留當風處的帶狀闊葉樹林作為保護帶，可以大大減輕本病的發生。保護帶之設置也要考慮樹種之選擇，保護帶之縱深，以及保護之效果等諸多問題。在臺灣失敗例子有：多年前在竹山地區為防治竹簇葉病，於桂竹林以木油桐及橄欖作保護帶之例子。

9. 造林立地之選擇

不同的樹種有不同的生活習性，因此其對立地環境的選擇也不同。當立地環境適合時，造林木生育良好，對病害發生的抵抗力也較強。反之當立地環境不適合時，造林木生育不良，對病害發生的抵抗較弱，一但發病，其為害也較嚴重。例如泡桐適合臺灣地區中海拔地區栽植，在低海拔或平地雖也能生長快速，但對病害之抵抗力較弱，尤其是簇葉病，一但發病常造成嚴重的為害，但在中海拔林地，雖也會發生，但其蔓延較慢，發病程度也較輕。而在同一海拔時，背風處又比當風處發生較輕微。

10. 病理學輪伐期的選擇

木材腐朽菌引起的材質腐朽性病害，隨著樹齡增加，而其腐朽材積與健全材積的比率也隨之而增大。以及樹齡越高，其每年之腐朽進展造成材積損失量逐年增加，再者木材及根部腐朽引起的風倒等損失也隨之增加。因此從病理的觀點，從事各樹種各林分的資料收集、分析，各病害引起的損失，而訂出各種林木的病理學輪伐期（pathological cutting age），可以使病害造成的損失降至最低。

11. 衛生保育

一般而言，林木在過於密閉、陰溼的環境下，以及被壓的狀態下，比較容易發生疾病。例如落葉松的灰黴病（*Botrytis cinerea*）及落葉病（*Mycosphaerella larici-leptolepis*）等病害，在照陽樹的下方枝條以及陰蔽樹較容易發生。柳杉黑粒葉枯病（*Chloroscypha seaveri*），黑點枝枯病以及枝枯菌核病（*Sclerotium* sp.）在樹齡二十年左右時發生嚴重。而在有從事疏伐以及修枝等撫育作業的林地，則發生較輕微。過度鬱閉伴隨的陰溼情況，非常有利於病原菌的繁殖，是不健康且被壓林木易於罹病之原故。

有很多病害是先從下面枝條先感病，而後再逐漸往上方蔓延，此種病害當發生時，及早將下方枝條修打去，可以減輕病害之為害。例如落葉松落葉病及白松泡銹病等。

有些病害係經由枯死枝條侵入，因此在適當時期修枝，以減少林地殘留的枯死枝、節等，可以減少病原菌侵入的機會，從而減少病害發生，例如許多潰

瘍性病害，以及*Cryptoderma yammanoi, Phellinus hartigii, Trametes heteromorpha, Hapalopilus cuneatus*等腐朽病菌，可從枯死枝條侵入引起樹幹腐朽，在適當時期修枝，可以減少此等病害發生。

但有時過度疏伐或修枝反而會助長某些病害的發生。例如切枝過度的蘋果樹，易於受到紫紋羽病的侵入。柳杉也會受到此病為害的樹種，當過度採穗時，容易發生本病。修枝過度之相思樹，其靈芝根腐病易於發生，使林木提早死亡。

12. 環境的改良

大多數病害的發生，及發病的程度皆受到環境因子之影響，也就是說環境條件為影響發病的重要因子。因此，可以經由人為的調整，使環境不利於病害的發生，從而達到阻止病害發生的防治目的。

(1)環境迴避

避開不良之環境或時期，例如冷杉菌核病（*Sclerotium* sp.）僅發生於秋播的苗床，而於冬季至早春地溫低之時候，病原菌發揮其侵害力。在每年發生本病為害之苗圃，改行春播以避免本病為害，為害防治的手段之一。

落葉松潰瘍病（*Trichoscyphella willdommii, Diaporthe conorum*）、檜木潰瘍病（*Cytospora abietis*）、冷杉潰瘍病（*Diaporthe conorum*）等潰瘍性病害，因凍害之誘因而引起病害發生多而嚴重。在造林地中，使用其他方法來防止凍霜害，不容易而且經濟上不合算，因此這些樹種應避免種植於容易發生凍霜害的立地。

(2)環境改良

*Rhizoctonia solani*以及*Pythium* spp.引起的幼苗猝倒病，在老苗圃發生較為嚴重，在溼度高時被害較多而嚴重，因此改善排水以及加強通風避免苗床過溼，即能減少病害的發生。

苗床的苗木過於密植、通風不良，以及溼潤狀態下，幼苗猝倒病、蛛絲病、灰黴病以及其他多種傳染病容易發生，因此改善以上狀況，即能減少病害發生。另外苗床上如雜草繁茂，也易引起各種病害發生，因此適時除草也是應該注意之工作。苗圃畦的排列方向與風向平行，可使微環境之相對溼度降低，可減少病害之發生。

土壤酸鹼度之改變，可以影響病害之發生程度。例如幼苗猝倒病在近鹼性之土

壤發生嚴重。另外松苗黃化病及微粒菌核病、柳杉針葉赤枯病等，在酸性土壤中較顯著發生。予以適當的調整土壤中pH值，即能達到相當好的防治效果。

紫紋羽在鄰地開墾後不久，土壤含有多量有機質者，發生較多，在林地施用多量石灰，以加速有機質分解，可以減輕本病的為害（鈴木等，1959）。

在美國的短葉松發生的小葉病（little leaf disease），其誘因為土壤貧瘠加上黏重土壤而致排水不良，使*Phytophthora cinnamomi*侵入根部，阻害正常生長以致發病，在對林地所作之施肥實驗以及改善排水，發現有減輕發病之效果（Roth & Copeland, 1957）。

（四）生物防治法

利用微生物對病原之拮抗作用以達到森林病害防治之目的，也是近年來之研究重要方向。生物防治一般來說，應用在森林害蟲之防治較成功。

例如在美國自國外引進一種寄生蜂*Dendroster protuberans*，它們的幼蟲會寄生於榆樹皮甲蟲的幼蟲身上，取食後者。希望能利用在降低榆樹皮甲蟲之族群，以降低荷蘭榆樹病的散布。在加拿大等國家，利用白僵菌（*Beauveria bassiana*）來防治多種森林害蟲，也有相當好的效果。

在森林病害的生物防治最著名之例子，即為引起之針葉樹及落葉性闊葉樹根腐病。它在心材是一個旺盛的侵略者（vigorous colonizer），它通常能快速的造成寄主植物之根部腐朽，並可經由根部接觸而傳至健康的鄰樹。由於本病並非一個強有力的腐生競爭者，所以在經由根部接觸而由罹病株直接貫穿感病性寄主的根部組織，或經由樹幹較低部位的心材侵入時，最能有效的感染。在林地中剛砍下樹木所留下之新鮮的樹幹基部（樹椿），由於其內部的心材裸露出，因此其表面為擔孢子最佳的感染孔道。因為此一表面還有其他的競爭者，所以這些表面它能被擔孢子感染的時間很短，在大多數寄主，此段時間不到一個月，亦即在樹砍下超過一個月後，*H. annosum*即不再能感染此一樹椿了。Codds & Schmidt（1964）提出美國五針松（White pine）的樹椿在砍伐後1～3天即失去對*H. annosum*之感病性。其他在修枝、動物啃食等造成的傷口，也可能成為侵入之孔道，但比不上樹椿之重要性。

當擔孢子在樹椿表面發芽後，菌絲即經過心材而往根部生長，其生長速度相當

快，約爲每週20～40cm。到達根部再經由根部接觸而傳染至鄰樹。由於H. annosum非強有力的腐生競爭者，因此當樹椿表面有其他眞菌先生長時，其即無法由此侵入。Meredith（1959,1960）發現一種擔子菌Peniophora gigantea，爲H. annosum的強有力的競爭者。而後Risbbeth（1961,1963）發現歐洲赤松（Scotch pine）及歐洲黑松（Austrian pine）的樹椿上接種P. gigantea的孢子，能阻止H. annosum之感染。以後許多試驗室所做之室內試驗和林間試驗及實際應用上，也都證實P. gigantea確實具有抑制H. annosum發展的能力。P. gigantea之利用，可達到防止本病散播之效果。

其他H. annosum之拮抗性微生物還有Trichoderma spp.及Streptomyces griseus等，尤其是前者，已被證實確可達到防治H. annosum引起的根腐病。此外，由於拮抗微生物之使用仍有其不方便之處，近年來國外也試用將殺草劑等其他藥劑噴在砍伐後的樹椿上，使其組織迅速壞死，而引來各種腐生菌於上面生長，也可達到防治本病的目的。

近年來，國外也有許多試驗研究，利用Trichoderma等拮抗微生物，來處理修枝等引起之傷口，以避免腐朽菌經由此等傷口侵入，也有相當好的結果，尤其是在果樹方面之研究較多。有報告顯示，在李樹等果樹修枝的傷口，利用拮抗菌Trichoderma spp.來處理，可有效的防治銀葉病菌（Chodrotereum purpureum）的侵入。

根頭癌腫病（Agrobacterium tumefaciens）的生物防治，也是一個成功的例子。約10餘年前，澳洲的植物病理學者，由果樹苗圃的土壤中分離到一種和根頭癌腫病菌極爲相似，但無病原性的細菌，學名稱爲Agrobacterium radiobacter，其中一有個編號84號的菌株在溫室及田間試驗結果，發現植物種子及幼苗根部，在播種及移植前，浸泡於84號菌株的懸浮液內，即可達到幾乎完全的防治效果。澳洲的種植核果樹類及玫瑰花業者，很快的就將84號菌株應用到商業上的防治。隨後數年間，84號菌株也被引進到其他國家應用在不同作物上，都得到良好的防治效果。84號菌株能產生一種細菌素（Bactericoin）或稱爲殺菌素，可以抑制病原細菌的生長。細菌素是由細菌的某些菌株產生，而其對同種或相近種細菌的不同菌株具有殺菌作用的物質（通常爲蛋白質），因此它的抗生作用具有專一性，84號菌株產生的細菌素稱爲

agrocin 84，是一種核甘酸類似物，能抑制 *A. tumefaciens* 多數菌株的生長，但某些菌株則不被其抑制。因此要利用84號菌株做生物防治時，首先要明瞭該地區的病菌菌系對agrocin 84是否為敏感性，才能收到預期效果。

在歐洲地區如義大利、法國等地，利用 *Cryphonectria parasitica* 的hypovirulant strain來防治栗枝枯病（chestnut blight），得到相當好的結果。其防制的機制，現在已知hypovirulant strain的形成是由於病毒的感染，使得病原菌失去病原性，並可經由菌絲融合而將病毒傳至其他菌株；但此種hypovirulant strain在美國利用作栗樹枝枯病的防治並不成功。

另外樹木之根部如有外生菌根著生，則能防止 *Pythium, Phytophthora* 等根部病原菌之感染。例如已知菌根真菌 *Leucopaxillus* 能產生抗生素，可以防治 *Phytophthora* 引起之松苗根腐病。此也是生物防治之一例。

（五）熱處理法

由於病原生物的生理作用會受到熱的破壞，因此利用熱處理，可以殺死病原生物，而達到防治病害的效果。如果是直接處理植物體或繁殖材料時，則要考慮到植物本身對熱處理的耐受性，來決定採用之溫度及處理時間，以避免對植物造成傷害，否則就失去防治的意義了。

1. 種苗處理

可以利用溫湯浸種來處理種子或插穗、苗木等，以殺死附著於其上面或潛伏於其中的病原。一般常用之溫度為50-55℃，處理時間為10-20分鐘。主要係根據病原及植物對溫度之耐受性來決定。例如上述罹患紫紋羽病之苗木，其根部直徑在2～8mm者，以45℃溫湯處理20～30分鐘，可以將病原菌完全殺死，而不會影響桑樹苗木的成長（青木、中里，1951；1953）。

2. 土壤處理

熱處理的方法有表面燒土法、土壤加熱法、熱水灌注法、電氣加熱法、蒸氣消毒法，以及太陽能加熱法等。以上方法一般僅適用於小規模的苗圃或溫室等應用，而在林業實際應用上有困難。

（六）藥劑防治法

使用藥劑來防治植物的生物性病害，為農作物耕作上常用的手段。為了防治植物病原，殺菌劑、殺細菌劑、殺線蟲劑等，被施用於植物體上或植物生長的環境，每年的花費相當龐大。但相對而言，施用藥劑來防治森林病害則少得多了。一般大多施用於苗圃、溫室、採種園等面積較小而較容易控制的環境中，大面積的林地施用藥劑則較少。在外國，有利用飛機噴施藥劑，以防治病害之例子。

1. 種苗消毒

種子、苗木、接穗以及砧木等，常有病原菌附著或潛伏感染，而引起日後各種病害之發生，或因搬運種苗而將病害傳播至其他地區。因此在種苗時期予以消毒，可以減少日後因病害帶來之損失。

已知有很多樹木害可以經由種子傳播，例如豆科樹種——相思樹類之炭疽病菌（*Glomerella cingulata*），即經常潛伏在種子的組織內。而另外一些病原菌則是附著在種子外表。後者用一般之殺菌劑處理，即可達到種子消毒的後果，而前者因病原菌潛伏在組織內，應該使用系統性殺菌劑（systemic fungicides）始能達到較好的效果。

另外貯藏較久的種子，常有許多真菌附著其上，如不經過消毒處理，種子容易發黴而無法發芽成長。

白楊的Septoria canker（*Mycosphaerella populorum = Septoria smusiva*）以及葉枯病（*Septotinia populiperda = Septotis populiperda*）等重要病害，可經由插穗而傳播，因此以往美國為了達到預防的目的，而以有機水銀劑於休眠期間行表面消毒。

罹患紫紋羽病的桑樹根浸泡硫酸銅（20%溶液），昇汞（0.5%溶液）以及石灰乳（40%液）兩個小時，可將根組織內的菌絲殺死。泡桐種根以四環黴素處理可以殺死其中之植物菌質體（MLO）。

2. 土壤消毒

土壤傳播性病害（soil-borne diseases）以各種藥劑處理，可以達到直接或間接的防治效果。

土壤酸化處理可以防治幼苗期常發生之猝倒病，常用之藥劑有硫酸鋁、硫酸亞鐵等。

土壤以藥劑處理的方法，在早期常用有機水銀劑作土壤消毒，現因水銀劑具有劇毒性，且會造成環境汙染已被禁用。因Methyl bromide及chloropicrin等燻蒸劑對環境不友善，目前在田間及林地已被禁用，而vapam（basamid）仍被使用，因土壤燻蒸劑之毒性很強，故必須在播種或種植苗木以前使用，待7～14天，藥劑發散後，始能開始播種或種植。

　　此外，在種植後或開始發病時，亦可施用殺菌劑液體澆淋在苗床土壤中，以防止病害續擴散。

　　另外還有施用殺線蟲劑於土壤中，以防止線蟲病害。

3. 藥劑散布

　　經由空氣散播傳染的病害（air-borne diseases），也就是感染地上部的病害，可以經由噴霧器噴灑或利用飛機施藥來達到防治效果，如柳杉赤枯可以波爾多液（Bordeaux mixture）來防治。尤其近年來系統性藥劑（systemic fungicides）之開發，使得防治效果更好。

　　一般來說，用藥劑散布來防治病害，以在苗圃或採種園施用較多效果也較好。而在大面積造林地噴灑藥劑以防治流行病害的例子較少，而且一般效果也較差。大面積施藥，一般係用直升機等在空中施藥，例如美國曾以空中施藥來防治白松泡銹病，以及歐洲防治松葉震病等。

（七）治療（Therapy）

　　在森林病害防治的一項重要手段，即是發病植株砍伐，以避免病害繼續蔓延。然而此種方法在庭園樹、行道樹以及紀念樹等貴重或有紀念價值的樹木並不適用。當發現此類樹木發病時，即使用各種方法治療，使樹木得以恢復健康，保持性命。通常常用的方法有二大類，一為外科療法，一為內科療法。

1. 內科療法

　　內科療法亦稱作化學療法（chemotherapy），係利用化學藥劑作植物病原的殺滅作用，而將已感染寄主植物的病原殺死，使植物恢復正常功能。化學治療藥劑的施用，可分為局部性（topical）及系統性（systemic）。局部性化學療法（Topical chemotherapy）係將藥劑施用於表面細胞上或組織的局部地區上，例如在蘋果樹落

葉後，以Sodium pentachlorophenate（Na PCP）塗在樹幹上感染European canker之患部，可以抑制病原菌 *Nectria galligena* 的子囊殼形成及分生孢子發育，即是一例。

　　而系統性化學療法，即係化學藥物注入罹病樹體或經由根部吸收至樹體全身，而殺死或抑制、減少罹病樹內之病原，以達到治療之目的。例如桑樹萎縮病（病原為植物菌質體）之罹病株，經灌注四環黴素（tetracycline）後，病株可以恢復健康。又如美國，曾試驗在罹患荷蘭榆樹病之榆樹幹內注入殺菌劑或殺蟲劑，前者為希望能抑制病原菌*Ophiostoma ulmi*，以使病株恢復健康；而後者作用係殺死其媒介昆蟲，以避免病害繼續蔓延。利用系統性藥劑來達到化學療法，為一項極有潛力的努力去向。由於它們具有滲透性及移行性，故對於已感染之病株有較良好的治療效果。一般而言，使用系統性藥劑，對環境造成的汙染較少，也較不影響非目標生物，因為他們可注射或直接導入樹體內。

　　然而在發展化學治療及其藥劑時，也有三項問題存在：

　　(1)如何進入植物體：藥劑進入植物體有三個途徑：莖幹、葉片及根部。利用機械注射入莖部，通常較有效，但較費人工及經費。從葉片進入，在噴灑時常造成浪費或噴到不需要的地區，而且其往下傳送效率較差。施用到土壤中，使藥劑從根部進入，其施用之人工花費可能較便宜，但造成很多副作用。例如，藥劑經過土壤顆粒之吸附、土壤物理化學因子之改變化學成分、或生物性分解等，使進入植物體之量被稀釋掉了。同時此法也較易造成環境汙染。

　　(2)在樹體內之輸導：植物體內之系統性藥劑之輸導效率不如動物。因植物沒有動物體內之循環系統。因此藥劑進入植物體內後，在體內之分布不均勻且不完全，造成許多死角，而影響治療效果。

　　(3)選擇性毒效：施用之藥劑必需只對病原有效，而對植物沒有毒害作用。同時必須不受植物之代謝作用影響，而降低其對微生物之作用。

2. 外科療法

　　外科療法（surgery）即是利用外科手術之方法，將植物罹病部位或腐朽材部分切除，使樹木能夠痊癒，恢復健康生長。此法在樹木病害為常用之方式，尤其是在病原生長蔓延緩慢之病害上應用，效果更佳。

　　將被害枝條修剪，是常用之外科手術方法。例如在北美洲，針葉樹感染dwarf

mistletoe時，常將被害枝條除去，以避免其種子散布到健康的樹上。又如梨火傷病，常將被感染之枝條修剪，以避免病原細菌*Erwinia amylovora*之蔓延。將感染*Ophiostoma ulmi*的罹病枝條去除，多年來即是荷蘭榆樹綜合防治計劃中一環。然而此項工作也有生態上不利之處，依據Hart et al.（1967）之報告，提出從嚴重發病之枝條殘根上釋放出之揮發性物質，能吸引媒介昆蟲——bark beetles前來。

此外經由風或動物之作用，而使受傷或罹病枝條斷裂，也能達到自然修枝的效果。

將罹患潰瘍病部位之樹皮削除或將空洞之腐朽材削除等，也是外科療法常用之手段。其正確之外科手術處置法及圖解，將在「木材腐朽」一章中在詳細說明。

罹患根腐病（例如*Armillar mellea, Rosellinia necartrix, Helicobasidium mompa*等）之果樹、行道樹及庭園樹等，也可經由外科手術方法治療，使其恢復健康。其法為：

(1)掘開土壤使病：患部露出並除去病患部。例如10年左右之樹，挖掘半徑1～1.5公尺，深約60cm之坑，以支柱架住樹幹避免倒下，露出病患部後，將其切除，並加以燒毀。

(2)洗淨根部：使用殺菌劑液體清洗及浸泡根露出之部分。

(3)土壤消毒：將挖開的土穴及泥土，用殺菌劑做消毒，施用量1株10年生樹木約需180公升。

(4)施肥：治療後，施用腐熟之堆肥於土穴中，以促進發根及植物恢復樹勢。

(5)將土壤覆蓋回去壓緊後，最後去除支架。如果發病輕微，其主根、支根之三分之一以下被感染者，經處理後，通常可達到完全治癒之效果。但三分之二以上被感染的重症者，則其恢復則較為困難。

（八）抗病育種

植物對病害之感病性（susceptibility），係受到遺傳因子之控制。由於植物本身遺傳基因的變異性，因此同一樹種的不同個體或不同品種，對於同一種病害之抵抗或耐受性皆不同，因此可利用抵抗性強的品種來達到防治病害之目的。

1. 抗病性之種類

(1)耐病性（Tolerance）

耐病性係指植物在有病原感染後，仍能維持相當健康的狀態，而對其生長及產量沒有顯著之降低。

(2)抗病性（Resistance）

抗病性係指植物具有某種遺傳性的能力，使其可以避免或限制病原的侵入，或隨後之病勢發展，即使在環境適合於感染及病害發生的情況下亦然。

(3)免疫性（Immunity）

植物的免疫性係指植物於病原存在時，不論環境條件如何改變，都不會發生病徵。它通常意謂，植物並不供病原有任何生長發生。在自然界，真正的免疫性極難得發現。

2. 抗病性之機制

植物抵抗病原感染的方式及方法變化很多（Wood, 1967）。為方便起見，將樹木之抗病機制分為物理性及化學性二種形式，同時二者又各分為感染前即存在者（passive）以及感染後在誘導產生（induced）二種。

(1)物理性抗病機制

物理性的抗病機制係指，形態上及解剖學上之現象，而能降低病原為害之感病性者。

① 原先存在者（Passive）

此種抗病性係指在感染發生前，即已存在之構造而言。

角質層（cuticle）之量及質的特徵，已知可影響對病害之抗病性。例如萊姆（Lime, 即*Citrus aurantifolia*）的老葉及嫩葉的蠟質及角質酸的不同，和其對炭疽病（*Gloeosporium limetticola*）感染的抵抗性有關。日本產之小蘗（*Berberis thunbergii*）不受到小麥桿銹病菌（*Puccinia graminis*）之侵害。其原因為本樹種之表皮細胞壁非常厚，使本菌發芽之小生子無法貫通以侵入。

氣孔及皮孔的大小及分布也是影響一些病害發生的重要因子。例如廣皮柑類（*Citrus nobilis*）的氣孔開口狹窄，使其不利於病原細菌*Xanthomonas*的入侵，而表現了對潰瘍病的抗病性。

另外一些內在之構造不同也是表現抗病性的重要因子，例如一般來說，在細胞壁木栓化及木質化的程度越高，其對多數病原菌殖據（colonization）在細胞壁之抵抗性則越強。

　　又例如在亞洲之榆樹，一般而言其導管直徑較細且較短，此項特徵被認為與其對*Ophiostoma ulmi*的抗病性有關。

　　② 誘導之構造（induced structrue）

　　係指在受到病原感染後，始形成之構造而表現的抗病性。

　　植物受到微生物感染或非生物性傷害，所表現的「傷口癒合」（wound healing）過程，為一普遍之現象。其癒合之程度與速度極明顯的影響到其對病害的抗病性。

　　樹木在受到病原菌侵襲或傷害時，常會形成一層保護層即所謂之barrier zone，常為木栓層或其他保護層，能阻止病原菌之發展，而表理其抗病性。例如樹皮或木材部受到傷害或感染時，皆會產生此一barrier zone，其抗病性之強弱，則視其形成之快慢及其強度而定。有些樹木之葉片被病原感染後，會產生離層將罹病部位脫離，以避免病斑擴大。

　　某些李樹（plum）之品種，當感染銀葉病菌*Chondrostereum purprueum*時，會形成大量的膠（gum）於其木質部內，而限制病原真菌的發展及運動，而表現其抗病性。

　　又如很多證據顯示，當維管束病原菌（例如*Verticillium* spp., *Ceratocystis* spp. 等）感染樹木時，在導管形成之tyloses及其他膠狀物堵塞導管而限制了病原真菌之運動，而顯示了抗病性。其抗病性之強弱，端視其形成tyloses等之快慢及形成之量而定。

　　白松對泡銹病菌*Cronartium ribicola*感染的抵抗性，可能與木栓層的形成有關。在抗病性白松品種，當真菌侵入樹幹時，會誘使形成層形成木栓層而限制了病原菌往深處侵入。

　　(2)化學性抗病機制

　　化學性抗病機制係指經由產生化學物質之毒性，或經由化學作用所產生的抗病性機制。

①原先存在者（passive）：

對生物性病原具有抵抗性功能的化合物，自然存在於未受感染的植物體。這些物質可能在植物體外作用（例如葉、根等之分泌物），或者在植物體內作用。對葉銹病（*Melampsora larici-populina*）有抵抗性之白楊（*Populus alba, P. sieboldii* 等），經研究發現係其葉片會滲出一些物質，能阻害孢子發芽管之生長，使形成不正常之發芽管，而無法侵入。

Buxton（1957, 1962）曾提出一些證據，顯示從碗豆（pea）及香蕉根部釋出的分泌物，有效的決定品種之抗病性。在此兩個例子，從抗病品種根分泌的物質較從感性品根分泌的物植，使土壤病原菌有更低的發芽率。銀杏（*Ginkgo bilopa*）是一個非常有趣的例子，而且令人好奇，因他是古代遺留下來的樹種。它在病理學上也是一個有趣的例子，因為它與其他樹種比較上有較少的病原侵害。Johnston & Sproston（1965）的研究顯示從銀杏葉片角質層分離出之氯仿可溶物質，能夠降低一些葉部病原菌的孢子發芽及發芽管生長。有關抗病性相關的物質之研究重心，還是在寄主植物體內存在的有效物質。這些有抗病性功能的物質主要為phenolics, alkaloids, glycosides, amino acids, proteins, carbohydrates, volatile hydrocarbon及其他。

Simple phenols, polyphenols以及quinines（phenols之氧化產物）等被認為和許多植物的抗病機制有關。Hanover & Foff（1966）研究對泡銹病具有抗病性及感病性之西部白松（*Pinus monticola*）品種，發現二者在葉及樹皮中之phenols及polyphenols之含量有差異。在心材形成期間產生的這些具毒性物質，被認為是抗木材腐朽的主要來源。所以心材較邊材更具耐腐朽性。Butin（1964）研究白楊潰瘍病（*Dothichiza populea*）之抵抗及感受性品種，發現抵抗性品種之樹皮浸出液，能抑制病原菌之孢子發芽，而在感受性品種之浸出液則能正常發芽，其後之研究在抵抗性樹種*Populus trichocarpa*分離出一種phenolglykosid的抗菌物質，稱之為trichocarpin。

在中國及日本的栗品種對*Cryphonectria parasitica*具有抗病性，其所含有的有機溶性tannins較美國的栗品種較高。這些單寧可能和抗病性有關。

②誘導產生者（induced）：

很多研究所得之證據顯示，許多病原菌侵入寄主植物後，能誘導植物產生具

有微生物毒性的物質。例如：ipomeamarone, chlorogenic acid, iso-chlorogenic acid, umbelliferon, ipomeanine, scopoletin以及batatic acid等，這些物質一般被稱為植物抑菌素（phytoalexins）。植物抑菌素在許多植物受到傷害或被病原菌感染時皆會產生，其所能表現的抗病性，端視其產生之量及速度而定。此方面之研究農作物方面較多。

在*Heterobasidion annosum*感染的德達松（*Pinus taeda*），邊材及感染邊材間有一反應層（reaction zone）形成（Shain,1967）。從此一反應層可分離出Pinosylvin及Pinosylvin Monomethylether，這些物質可抑制*H. annosum*之生長。

3. 抗病育種

利用抗病性品種來達到防治病害的目的，是一最根本也最有效的方法。但由於樹木的生長期長，要經歷多年才開花結果，因此要得到抗病性品種，是一艱難而長期的工作。

(1)選拔（selection）

利用天然存在的抗病性品種，是一種非常有效而又便宜的方法。此法必須到林間去尋找並選拔我們所需要的個體。但是此選拔工作有時並非我們所想像的這麼簡單。

以美國選拔抗枝枯病的栗樹為例。在過去數十年間，曾經花費相當多的心血去選拔美國原產栗樹的抗病株。數以千計的人們響應美國農部（U.S.D.A）的呼籲，而提供明顯抗病植株的消息。雖然在這些情報之間，大多數是沒有用的消息。但從1957年以後仍有超過500株樹，其直徑超過8英吋，被標定為沒有病害發生的單株。很不幸的，將那些樹，或其繁殖枝條予以接種病原菌後，全部都會遭受感染而發病。

篩選天然抗病性最合理的地方，就是到病原菌原產的地區去。在*Cryphonectria parasitica*之例子，其為亞洲原產的病原菌。在1930年末期，美國農部在八個東部州設立亞洲栗造林地，在這些小區中包括25個品種。經過多年以後，一個從南京來的中國栗品種表現良好的抗性，其生長和樹型都良好，樹高中型而果實品質優良。

(2)育種（Breeding）

育種是一個很複雜的過程，經由人工參與，經過雜交或人工突變等手段，將遺傳基因予以人工調節，以達到人們所希望的目的。有時還加以人工處理以誘導基因突變，選取人們所希望之遺傳基因。

在美國農部的栗樹育種試驗中，對枝枯病的抗病效果最好的是Clapper chestnut，這個品種是先由美國栗和中國栗雜交，再和美國栗的親本回交而得。

在美國的長葉松（*Pinus palustris*）苗木對*Scirrhia acicola*引起的褐點葉枯病（brown spot needle blight）非常感病。而溼地松（*Pinus elliottii*）則對本病具有抗病性，但對*Cronartium fusiforme*引起的fusiform rust非常感病。而將二者雜交後，其後代顯示對此二種原菌的感染，都具有抵抗性。而且在經過7年以上的試種後，也表現了良好的其他性狀，包括分枝習性、生長速率等。

CHAPTER 6

非生物性病害

　　由不良環境等非生物性因子所引起的病害，因為不具有傳染能力，也稱為非傳染性病害（non-infectious diseases）。引起此類病害的因子很多，茲分別討論於下：

一、高溫（High Temperature）

　　樹木和其他植物或生物一樣，有其適合於生活的溫度範圍，太高的溫度會影響樹木的生理作用，使樹木生長不良或細胞死亡而引起組織壞死，甚至整株死亡。在自然界常見的高溫為害有：

（一）幼苗倒伏或環剝

　　在一年生或第二年生的幼苗，常會發生高溫為害的情形。較小的苗受害時常倒伏而死亡，而較大的苗，則僅地際部被環剝，但仍維持直立。後者嚴重時通常慢慢衰弱，最後萎凋死亡。有時僅有一些壞疽斑出現，而植株仍然保有生命。其受害的原因通常為夏季時，陽光照射在土壤上，而土壤吸收熱能使土壤溫度上升，最後超過臨界值而對幼苗造成為害。

（二）日灼（sun scorch 或 sunscald）

　　通常發生於向南或西向的樹木，尤其以樹皮較薄者較易受害。在陽光強烈照射時，使其形成層死亡、樹皮脫落，常伴隨病原菌等侵入而造成潰瘍或木材腐朽等。此種高溫傷害也常見於路旁之行道樹或建築物旁之綠蔭樹，因他們常接受過量由公路或建築物過來的反射熱。另外樹木常見的日灼的狀況是在斷根移植的作業過程中，未做好防護的措施，造成上位面的樹皮在沒有遮蔭的情況下，長時間日照下造成組織受損，形成層死亡後，樹皮並未及時脫落，在重新種植後受損的部位常伴隨病原菌或腐朽菌侵入而造成潰瘍或木材腐朽等。

（三）日燒（sunburn）

　　此種為害常發生於熱帶地區，過強的陽光通常引起落葉及枝條之尖端變色。

（四）葉燒傷（Leaf burning）

　　在闊葉樹的葉片上發生紅色至褐色的斑塊。在針葉樹常發生於葉尖，出現變色

壞疽。葉上局部的燒傷常發生在灑水或是雨後,高熱的太陽經由留存葉尖水滴的透鏡效應,在光線聚焦的組織經常可以發現葉片局部燒灼。焚風常造成大量樹木葉部燒傷,所謂焚風是由於潮溼的空氣遇山受阻時,被迫上升。由於溫度會隨高度上升而下降,當空氣上升到一定高度時,水汽便會達到飽和並凝結成雲雨。空氣中所含水分相應減少。當空氣翻過山巔,順坡沿山下降時,這團變得乾燥的空氣便會出現增溫的情況。由於空氣較乾,溫度會上升得較快。這便形成了又乾又熱的焚風。焚風所過之處,樹木葉片則會呈現燒傷。也有因人類的活動,例如機器熱氣的排放或是焚燒物品造成熱空氣的流動而引發的葉部燒傷。

(五)果實燒傷(Fruit burning)

常見於果樹或山茶、油桐等之果實,在果實上發生褐色的壞疽斑塊。果實燒傷發生原因與葉部燒傷大致相同,太陽光與焚風是造成果實燒傷的主要因素。

防治法:高溫的防治方法須注意下列幾項:(1)在苗圃,苗床上避免使用深黑色的土壤或砂,並適時給予適當的遮陰;(2)在林地之南方或西南向、道路旁等,避免種植樹皮薄而對高溫敏感的樹種,種在建築物旁之樹,在南向或西南向之位置,避免太靠近建築物。(3)在苗圃或果園,避免在太陽強烈照射時灑水或噴農藥。(4)注意氣象預報特別是在焚風經常發生的地區,焚風發生之前或發生之際對樹冠進行灑水可以降低焚風的影響。(5)在樹木移植斷根後,集散及運送過程,應給予適當的防護,包含樹幹以布條、稻草包裹或是給予遮蔭,來避免樹皮因長時間日照而受損。(6)器具操作或是焚燒物品時需要與樹木保持一些距離,避免所產生的高溫造成樹木的傷害。

二、寒害或霜害(Cold Injury or Forst Injury)

樹木也會受到低溫,如下霜之為害,而造成組織壞死等。霜又可分為兩種形式,平流霜(advective forst)及輻射霜(radiation forst)。平流霜係指一水平移動的冷氣團帶給一個地區達到凍結溫度(freezing temperature)所造成的霜。其所影響的地區大,常包含數以千哩廣之土地。其溫度降低速率通常是正常型,而其溫度

隨著高度增加而降低。此種形成之凍害在同一海拔高度內所造成之植物傷害是相當
一致。

輻射霜因地球表面溫度對流而造成。當地表面因長波輻射而失去熱量，引起地
表溫度較鄰近空氣為低，此溫度對流之深度，可從數英吋至數百英呎。因較冷的空
氣比較溫暖的空氣有較大的比重，因此其對流相當穩定。如果地形允許，此種冷空
氣會被重力拉下地面凹陷處。此種凍害通常在凹陷之山谷或較低坡地等特別常見。

春天發生的霜害，係為害剛開始生長的植物，尤其是靠近地面的幼樹更敏感。
而闊葉樹又比針葉樹敏感。其在針葉樹引起的病徵有：針葉暫時赤色化，新梢捲
曲，芽及新萌發之枝葉死亡，傷害形成層。而在闊葉樹引起的病徵有：新生長的
芽、梢及葉部變暗色並捲曲，較小的枝條死亡，形成層受傷。

在秋天發生的霜害，係為害尚未硬化之組織。所有樹種都會受害，而以停止生
長率者受害較嚴重。其病徵為葉片、枝條、芽受到傷害或死去，通常不捲曲。

在冬天發生的霜害，會造成葉片變色（黃、紅、褐），尤其在針葉樹常見。
樹幹裂開也是常見的病徵，通常發生於溫度急遽下降時，被害樹之木材發生徑向裂
開，樹皮也同時裂開。樹幹裂開常發生於南、西南、東南等方位。此種傷口成為潰
瘍病菌及木材腐朽菌侵入的途徑。

防治措施：欲避免秋季之霜害，要注意避免晚期灌溉、施肥及修剪等，以抑
制其秋季之再度生長，而減少霜害。對於平流霜害，沒有什麼良好的育林方法可以
避免其為害樹木。而對於輻射霜害之為害則可以改善。這些方法通常使用在那些輻
射霜害較為嚴重的地區。如果可能，在砍伐時留下一部分的樹林，此樹林越密，其
保護霜害的效果越好。如果可以選擇，選用對低溫傷害最具抵抗性的樹種。在特別
冷的地區，只能選擇針葉樹，尤其是松樹等。在谷地或低窪地，在山坡上應該先造
林、後砍伐。在坡地上的林地能避免冷空氣下降到較低的地方。在苗圃可以採取較
為集約的方式來保護苗木。直接加熱或用低速風扇等可以避免冷空氣降下。此外做
圍籬或防風林等也可減少為害。當苗圃發生霜害時，立刻以水從上澆淋苗木，也可
使為害減輕。

① 霜凍寒害引起的樹葉凍傷
② 急遽的低溫引起樹木大量落葉

三、風（Wind）

風對樹生長的影響相當複雜。風本身是一種移動性的力量，它施加於樹木之力量，可帶給樹木直接的傷害。風帶給樹木之直接傷害包括風倒、斜折、風折、斜倒、矮化及變形等。通常樹較高大、根系淺以及受到根腐病或木材腐朽病爲害的樹木，較易受到風害而倒折。同時風在吹動枝葉時，造成枝條折斷或因摩擦造成許多傷口，也成爲病原菌侵入之途徑。單一樹種及同一年齡的林地較易受到風害。

同時風和高溫或低溫配合，也帶給樹木不同的傷害。另外風加上鹽沫的作用，對海邊的樹木除了造成直接的影響外，更加重鹽沫的危害。一些病原菌例如銹病菌、灰黴病菌或是白粉病菌等是靠風為媒介進行傳播感染，而炭疽病菌、葉點黴菌，或是黑盤孢菌等也是靠風力進行飛濺感染，風力的大小及風吹的方式，決定這些病害發生的距離及方向。有些病原菌的傳播媒介亦可靠風來移動例如木瓜輪斑病的媒介桃蚜即可靠風幫助移動。

防治方面；(1)在海邊或是地形受風處，可利用第一線的海岸防風樹種建置防風林來降低風對內陸樹木的傷害。(2)正確適時的修剪，可以降低樹木受風力的損害；(3)在颱風來臨前，對樹木進行支（拉）撐或架設支架也可減少樹木受風的損傷。(4)在都市行道樹或是公園的樹木擴大植穴，讓根系強大可以增加樹木抗風的能力。(5)樹木避免腐朽菌的入侵及白蟻危害，也可以降低風折或是風倒的風險。

四、雪（Snow）

因雪造成的傷害限於緯度高或是海拔高的寒冷地區，一般來說針葉樹較闊葉樹易於受害。樹的外型和雪害的程度有關係。例如雲杉（Spruce）會使大多數落下來的雪脫落而側柏（*Thuja* spp.）則會將大多數落下來的雪截下來。樹如有不對稱的樹冠者，由於雪會堆積在有較多枝葉的一側，而被害較嚴重。另外溫度和風也扮演重要角色。當溫度接近或稍高於凍結點（freezing point）時，經常造成溼而重的雪堆積於樹上，而造成較大的為害。當無風時，樹較能承受堆積於其上的雪。然而當風吹動時，常造成枝條折斷。雪堆積於樹上，當越積越厚，超過其負荷時，即會引起樹枝甚至樹幹的折斷。

在氣候變遷劇烈的今天，不預期突然的下雪，對熱帶或是亞熱帶的樹木而言，會造成寒害，導致針葉樹針葉暫時赤色化，新梢捲曲，芽及新萌發之枝葉死亡，傷害形成層。闊葉樹新生長的芽、梢及葉部變暗色並捲曲，較小的枝條死亡，形成層受傷。

管理措施：在向西坡的地區要加強管理以避免雪害。花旗松（Douglas fir）為一特別易受雪害的樹種，因此其不適於造林於上坡之區域（upper slope areas）。重

度疏伐的幼林分，較易受到雪害，因此在雪害嚴重地區最好是予以輕度疏伐，而且在早期即開始。

五、冰（Ice）

有些地區，冰以各種形式出現而對樹木造成傷害，例如冰霜（glazed frost）、凍雨（freezing rain）以及冰雹（hail）。前兩者係在冬天形成，而冰雹可在任何季節形成。風通常會使冰的爲害更嚴重，在北向或東向的樹木損失較大。一般來說，越高及樹齡越老，越是敏感。因爲樹木越老，樹冠越大而內部腐朽越多，而枝條及樹幹的柔軟性越差。

對於樹幹皮層薄者，易受冰害，引起樹皮裂開，此裂縫易引起病原菌類之入侵感染。冰雹可能打在葉上及嫩幼的枝條而造成小病斑。針葉樹的幼梢可能被嚴重爲害。闊葉樹偶爾會落葉而接著可能引起梢枯。

管理措施：育林措施可以減輕冰害，例如減小樹冠，因樹冠越大，越易受害。同一年齡的林地，林木的樹冠被限制不致太大，因此折損之危險較小。

六、雷（Lightning）

在野外落雷經常擊中樹木，由於雷電帶有大量之能量，因此常造成被擊樹木部分組織死亡甚至全株枯死，落雷有時也可引起森林火災。較貴重之樹木單株或有紀念價值的樹，可以在樹頂上裝置避雷針，以避免落雷直接擊在樹上造成傷害。

七、水分不足──乾旱（Insufficient water──Drought）

水分的充分供應，對樹木之發育非常重要。水除了是綠色組織的主要成分（約占鮮重之90～95%），還維持了未木質化組織的膨壓，作爲代謝反應之介質，而且在輸送過程中，擔任溶質之功能。因此水分缺乏時，即造成樹木生理作用及生長無法正常進行。

水分不足或乾旱時，如繼續一段較長時期時，往往造成樹木無法回復之傷害，其引起的病徵有葉變色及變形、樹幹裂開，梢部枯死以及凋萎時，嚴重時整株枯死。通常是葉片先受到輕微傷害，而後逐漸枝條枯死，最後整個地上部枯死，然後根部也枯死。一般來說淺根的樹木較深根的樹木要更為敏感。

管理措施：避免在雨量較少的地區種植敏感樹種。避免在林地製造乾燥的環境，例如在林木間有大開口。在栽種時，留防風林以促進深根，可能時予以灌溉。

八、水分過剩（Water excess）

水分過剩對樹木的生理有不良的影響，首先使組織變得柔軟多汁（succulent tissues），而容易受到傳染性病害的侵襲，而對寒、暑熱等溫度異常狀態有更強的感受性。

土壤水分過多，而樹木浸水的情況下，會導致氧氣缺乏，其對樹木影響的程度，隨著樹齡、季節、樹種、進水的期間、水的深度等而異。幼木較老木易受害，但淹水的老樹也有枯死的情形。高溫的夏天根部積水造成的影響較冬季更為嚴重。Stone et al.（1954）指出，赤松（*Pinus resinosa* Ait.）在排水不良之土壤，其通氣變不良、氧氣不足，導致樹木枯死。而且在發育期間，只要短時間浸水，對生長的影響就已相當大。

在冬天寒冷的地方，早春時，因受土壤凍而滯水的期間長之影響，根部發育不良。土壤水分過多，也會導致好水性的病原菌，如：*Phytophthora, Pythium*等侵襲，引起樹木發生根腐病。

溼度過高（moisture excess）會對樹木造成部分的刺激，使枝條過度發育等。例如白楊（*Populus sieboldii* Mig.）在溼度過高時，係因表皮及表皮下的柵狀組織細胞產生肥大，而增生成水泡狀及絨毛狀（Rue, 1933）。

管理措施：在經常淹水的地區，對於樹木生長有潛在的威脅性，因此在選擇樹種時，要特別慎重。如果可能，最好使淹水能夠經由排水設施排走，而不是讓其慢慢蒸發。在土壤結構易於造成浸水情形的地區，應該特別注意改善排水設施。

九、機械傷害（Mechanical injury）

經由冰雹、冰、雪、風、動物以及人爲操作等因子引起的機械傷害，本身並非病害，但傷口卻提供了病原菌良好的入侵口，尤其是引起潰瘍、枝枯性以及木材腐朽等病害的病原菌，即是以傷口作爲最主要的入侵途徑。城市樹木以老鼠及松鼠爲主要的動物加害者，山林中的樹木以鹿科的動物爲重要的加害者。車輛或是施工機具的撞擊及割草機的不正確使用是公園及行道樹機械受傷的主要原因。適當的圍籬或是電牧離可以確保新植樹木不受鹿或是山豬的傷害。加設警告的設施或是小心地使用工具可以避免城市樹木受到機械傷害。

十、鹽害（Salt）

種植在海邊的防風林等，經常會受到鹽霧或鹽沫等之爲害，先是葉片變色，嚴重時繼之枯死，而後枝條也跟著枯死，最後整株受害，林木枯死。通常在有大風浪經常侵襲時較容易發生。但如伴有大量雨水時，因雨水會將鹽分沖刷掉而減輕其爲害。在颱風過後，立即以清水沖刷海邊之林木，可以減輕其爲害。

十一、營養缺乏及過多（Mineral Deficiencies and Excess）

在高等植物中，要維持正常的生長及健康，必須要有16種元素充分的供應。在此16種元素中，9種需要較多量，稱之爲多量元素（macroelements or macronutrients），而另7種需要量較小，稱之微量元素（microelements or micronutriesnts）（表6-1）。其中碳和氧係由大氣中之二氧化碳（CO_2）而來，而氫（H）則從水而來。

其餘13種，通常是植物經由土壤溶液吸收而得到供應。當沒有這些元素或供應不足時，樹木之生理過程將改變，而造成不正常的代謝作用，使植株生長不良。

表 6-1　植物生長所必須的元素

Macronutrients	Micronutrients
Carbon（C）	Iron（Fe）
Oxygn（O）	Boron（B）
Hydrogen（H）	Copper（Cu）
Nitrogen（N）	Zinc（Zn）
Phosphorus（P）	Molybdenum（Mo）
Potassium（K）	
Sulfur（S）	Manganese（Mn）
Magnesium（Mg）	Chlorine（Cl）
Calcium（Ca）	

　　於樹病學中，對營養關係的了解是很重要的一環。對於生長在營養缺乏地區的林木，予以適當改善缺乏情況，是相當有經濟效益的。在本世紀以來，對於施用營養要素的重要性已被了解，且其研究也相當發達。但在林木方面之研究，卻仍遠落於多數農作物方面之後。

　　一般營養缺乏在苗圃最為重要。而在這種地區，營養元素的偵測及改正也較為容易。

　　對於營養缺乏病症的研究，由於存在許多實驗上的難題顯得相當複雜。基於病徵，而將這些症狀分開是相當困難。幾重元素的供應不足可能產生相似的病徵。即使病徵之表現顯示缺乏某一種元素，我們也只能推測在植物體內此種元素的量有不足，而並不一定表示土壤中缺乏此種元素。例如乾旱，植物會表現營養缺乏的症狀，但只是因土壤缺乏足夠水分將元素溶出以供植物吸收。而在極端潮溼的天氣，蒸散作用降低而減少根部吸收，以致常呈營養缺乏病徵。其他如：植物間之競爭、土壤之物理化學構造、pH值以及微生物作用等，都會影響植物對營養之吸收。另外各種營養元素之間，常互有關聯，更增加診斷及改善之困難。

（一）與營養缺乏有關之病徵及代謝受阻

　　幾種主要的元素缺乏病狀，如表6-2（Agrios, 1988, P.45）所列。另外硫及氯在一般土壤很少有缺乏的情形發生。缺硫時，一般葉片變小、黃化，通常由幼葉先出

現病徵。嚴重情況下，所有葉片變淡綠色，但下位葉並不乾燥而死亡。根部生長增加，而改變root：shoot比值。缺氮時，病徵變化很大，一般根變小，萎凋、黃化及出現壞疽。

表 6-2　土壤元素缺乏所引起的病徵（Agrios, 1988）

土壤缺乏之元素	引發之病徵
氮	樹木生長不良呈現黃化。特別是下位葉轉黃色或淡褐色，莖變短而細長。
磷	樹木生長不良，葉片呈現藍綠色並帶有紫色斑點。下位葉呈現帶有紫色或是褐色斑點之青銅色。莖變得細短而纖弱。
鉀	樹木莖變細，嚴重時呈現梢枯現象。老葉黃化，葉尖呈現褐色，葉緣焦枯帶有褐色斑點。新長的組織呈現壞疽。
鎂	從老葉開始黃化，繼而轉紅色；葉片有時會有壞疽斑點出現。葉尖及邊緣朝上，葉片稍微呈現杯狀，然後落葉。
鈣	幼葉變形扭曲，葉尖反捲，葉緣捲曲。葉型呈現不規則而帶有褐點或是褐斑。幼芽枯萎，根系發育不良。
硼	幼芽的葉片呈現淡綠色最後掉落。莖及幼葉扭曲，植物矮化。果實或是多汁的根及莖表面部位開裂或是中心腐敗。並引發多種的病害。
鐵	幼葉嚴重黃化，但是主葉脈仍維持綠色，有時會有褐色的斑點出現。部分的葉片或是全葉呈現枯萎，葉片容易掉落。
鋅	葉片初期呈現脈間黃化，稍後呈現壞疽或是紫色斑點。葉片變小而稀疏，節間及莖變短呈現叢生狀。果實產量變低，葉片持續由樹木底部往頂端掉落。
銅	葉尖端枯萎，葉片邊緣黃化，葉部無法開展並逐漸萎凋。果樹類的樹木，夏天出現梢枯，葉緣褐化或黃化。
錳	葉片黃化但是小葉脈仍維持綠色。葉片散布壞疽斑點，嚴重時葉片褐化枯萎。
鉬	呈現嚴重黃化及矮化病徵，果樹類常無法著果。

（二）營養過量之病重要性

在某些環境下，一種或多種元素可能呈現不正常的高濃度，而可能造成植物傷害。幾乎所有元素當在植物體內存在超過適量時，都會對植物的生理及代謝過程產生不利影響。在實驗室研究之許多證據顯示，銅（Cu）、鋅（Zn）、硼（B）及錳（Mn）等元素，在高濃度時，對植物有較強的毒害作用。然而，在天然森林土壤中，很少有營養元素過量引起植物毒害之報導。

十二、空氣汙染（Air Pollution）

在自然界中，空氣是維持植物和動物生命的重要資源。空氣中對植物最重要的是O_2及CO_2。在自然界有自動調節空氣中成分，以維持生命之延續的能力。但近數百年來，由於人類活動，製造了各種各樣的空氣汙染物，這些汙染物會對動植物造成各種不同情況的危害。

對植物造成為害的空氣汙染物可分作三大類：塵粒、非光化學產生之氣態汙染物，以及光化學產生之氣態汙染物。

（一）塵粒（Particulate matters）

空氣汙染中之塵粒又可分成微粒（fine solids，直徑小於$100\mu m$）以及粗粒子（coarse particulates，直徑大於$100\mu m$）二種。塵粒已知有時也可以造成植物傷害。和氣態的汙染物比較，它們較少受到重視，而它們在自然生態系所造成的影響仍未明瞭。空氣中的塵粒來源主要有：(1)煤炭、汽油及燃料油等燃燒而產生；(2)製造水泥之汙染物；(3)石灰窯；(4)焚燒爐；(5)農業方面之燃燒及農業有關活動。

在靠近道路的地區，鉛是主要的塵粒汙染物。在美國丹佛（Denver）地區所測值，於路旁雜草鉛含量高達3000 ppm，而在下風500呎處，也有50 ppm之含量（Cannon and Bowles, 1962）。對於路旁行道樹沒有檢測之資料，但可想像，其在長久累積下，可能會達到影響林木生理的量。

燃燒燃料油所產生的煤塵，被發現為害溫室植物。這些塵粒之pH值低到2.0，而且造成接受植物之葉片發生壞疽斑。

從水泥工廠落下塵粒，會造成針葉樹及落葉樹的變色及死亡（Darley & Middletton, 1966）。

Corn & Montgonery（1968）提出塵粒可和氣態汙染物共同為害，而有協力效果（Synergistic responses），使得為害更為嚴重。

（二）非光化學產生之氣態汙染物（Nonphotochemically produced gaseous pollutants）

這些汙染物與其他物質分開，係因它們釋放出的形態直接有毒害作用，而在它

們合成中不牽涉到光化學反應過程。

1. 硫化物（Sulphur compounds）

許多含硫物質為重要的空氣汙染物（二氧化硫、硫化氫等）。二氧化硫可能是最普遍的汙染物，有關之研究也最多。二氧化硫的主要來源有：(1)燃燒煤；(2)生產、煉製及利用石油及天然氣；(3)製造及工業上利用硫酸和硫；(4)溶解及煉製金屬（如銅、鉛、鋅、鎳等）。

二氧化硫的為害在濃度高於0.50ppm時，一般造成急性傷害，而濃度在0.10～0.03ppm時造成慢性傷害。在闊葉樹，病徵包括不規則的邊緣及中脈產生壞疽斑塊，而被漂白成白色至蒿色，有時褐色。而在針葉樹、針葉尖端呈典型的壞疽，通常有帶狀形成，鄰近組織常呈萎黃化變色。

2. 鹵化物（Hallgen compounds）

在此類汙染物中，最重要者有氟化氫（HF）、四氟化矽（SiF_4）、氯化氫（HCl）以及氯（Cl_2）。氟化物的主要來源有：(1)鋁還原過程；(2)含硫肥料製造；(3)磚廠；(4)陶瓷工廠；(5)煉鋼廠；(6)精煉廠；(7)火箭燃料燃燒。

鹽酸及氯氣之來源有煉製廠、製造玻璃、燃燒垃圾及廢物等。燃燒ployvinyl chloride（PVC）會產生HCl。

氟一般在葉片組織累積而造成為害，葉片濃度在50～200ppm會造成感受性植物產生壞疽。在闊葉樹上通常造成壞疽或邊緣枯焦，偶爾形成大斑塊，而死組織和活組織的界限明顯。在針葉樹於葉尖發生褐色到紅褐色壞疽。

一般而言，氯產生之急性病徵類似二氧化硫。在闊葉邊緣及中脈上形成病斑，而在針葉尖端形成病斑。

3. 其他

其他如乙烯（ethylene）、氮化物（Nitrogen oxide,如NO及NO_2）、氨（ammonia）、一氧化碳（CO）等。

（三）光化學產生的氣態汙染物（Photochemically produced gaseous polluants）

與前一類不同，本類物質放出後，經由陽光，其他空氣中物質或二者共同作用反應後，形成的有毒物質。這些物質大多由工廠煙囪產生，再經陽光照射發生光化學反應而來。

1. 臭氧（O_3）

臭氧為此類物質毒性最強者，而為都市煙霧之主成分。

$N_2 + O_2 + heat \rightarrow NO$

$NO + O_2 + hydrocarbon + UV\ light \rightarrow NO_2$

$NO_2 + O_2 + UV\ light \rightarrow NO + [O]$

$[O] + O_2 \rightarrow O_3$

臭氧是不穩定物質，但其產生較其分解速率更快。臭氧之其他來源有大氣層外圍及放電。

對臭氧敏感的植物，在暴露0.02ppm下4～8小時及0.05ppm下1～2小時，即開始出現病徵。在闊葉上形成上表面stipple or flecking，而有小的壞疽斑，紅褐色斑點或漂白成蒿色至白斑。在針葉樹上形成褐色壞疽的先端，而類似SO_2之危害，但在被害及健康組織間沒有明顯分界。

2. 過氧醯基硝酸鹽（Peroxyacetyl Nitrate（PAN））

在內燃機引擎中發熱而裂解碳氫化物（hydrocarbons）（汽油中之成分），而釋放180～200 hydrocarbons，僅利用掉olefin及aromatics，這些物質釋放出後在有NO及光時氧化。Olefins很快被氧化，被分解於雙鍵位置，而產生富含aldehydes的分解產物。然後aldehyde和O_2及其他hydrocarbons繼續作用，而形成許多其化物質，例如過氧醯基硝酸鹽（PAN（peroxyacetyl nitrates）），其分子式：$C_2H_3NO_5$，結構如下：

PAN是一系列有毒物質之一種。在0.02～0.05ppm下數小時即可造成傷害。在闊葉下表面形成有光澤或銀白色的特徵，而在針葉樹則無特定病徵，通常變萎黃色或被漂白。PAN影響葉下表面使其和臭氧的為害加以分辨。

（四）酸雨（Acid rain or Acid precipitation）

近年來，在空氣汙染方面另一個令人關心的問題，即是酸雨。空氣中之二氧化硫（SO_2）及二氧化氮（NO_2）汙染，溶於水中，形成的稀硫酸及稀硝酸溶液，是雨水酸化的主要來源，而通常使雨水的pH值在5.6左右。但在北美東部及西歐，由於工業汙染使雨水的pH值降至4.5或更低。曾經有紀錄在暴雨中，其pH值低到2.4，此與醋之pH值相當。

酸雨影響到水中之生態系，有歷史性之建築物及雕塑作品以及地面之植物相及群聚。酸雨對植物的影響，包括直接造成表面角質層的侵蝕，以及間接改變土壤pH值和土壤中重要元素之溶淋。前些年在歐洲，尤其是在德國，一些森林的成片死亡，即被認為和酸雨有關。

酸雨也可能影響到植物和病原體間之相互作用。雖然目前有關此方面之研究非常少，但在將來經由詳細研究，將可闡明酸雨對植物病害系統（plant disease system）的正面及負面影響。

十三、藥害（damage of pesticide）

所謂的藥害就是藥劑使用時所不預期或是不欲發生的副作用。在樹木保護的過程中或是經營管理中施用藥劑是常用的行為，在不注意的情況下藥害就可能伴隨著發生。害藥的種類隨著施用藥劑的種類、濃度及樹木種類有所不同，有時候與溫度也有關連。常見藥害有除草劑產生的藥害，農業用油或是展著劑所產生的藥害，當然一些生長調節劑的不當使用也會有藥害的發生。利用巴拉刈殺草劑防治林間或公園雜草時，不當噴灑到樹木會造成葉部及枝條燒灼枯萎，在樹頭或莖基部施用則會造成更嚴重的損害，甚至導致樹木的死亡，嘉磷賽雖作用主要是雜草等非木本的作物，但是有些樹木對其敏感，在施用時會產生小葉甚至簇葉的現象，經常性的使用，在土壤累積的濃度達一定水平時，也會對樹木的生長特別是根系的發展，造成

傷害而導致大量落葉。農業用油或是展著劑在使用不慎的情況下會造成樹木葉片呈現水浸狀及燒灼導致落葉。

　　防治方法：(1)要避免藥害的發生必須要謹慎使用藥劑，依植物保護所記載的藥劑及所搭配之展著劑濃度，是針對特定植物及特定病害所使用的，是經過田間試驗測試的結果，不會有藥害產生。一旦更換搭配展著劑或是施用在別種植物上，可以先進行少部分或小範圍的施用，觀察是否有藥害發生，沒有藥害時才擴大範圍施用。(2)避免藥劑施用在非標的的作物上。

③ 嘉磷賽引發的藥害
④ 巴拉刈誤噴引發之藥害
⑤ 嘉磷賽對樹木的藥害

CHAPTER 7

高等植物及藻類引起的病害

所有的寄生性高等植物都是雙子葉植物（Dicotyledons）。目前為止，尚未發現有寄生性的單子葉植物或裸子植物。

有些寄生性植物完全依賴寄主以獲得光合作用產物（photosynthates），稱為全寄生性（holoparasitic）。而有些寄生性植物則僅自寄主取得部分的光合作用產物，因其自身仍保有部分光合作用，稱之為半寄生性（hemiparasitic）。寄主性植物可能為多年生，也可能為一年生，有些則為樹木，例如檀香木（sandalwood）、列當科（Orobanchaceae）、蛇菰科（Balanophoraceae）。

一、槲寄生（True mistletoes or Leafy mistletoes）

槲寄屬於雙子葉種子植物的桑寄生科（Loranthaceae）。擁有典型高等植物的各部分皆包含，例如莖、葉、花、果、種子以及吸收系統。這些多年生的綠色植物寄生於多種植物上，其中以*Loranthus Loranthaceae*、*Phoradendron*以及*Viscum*等三個屬，為某些樹木或灌木之重要寄生植物。

（一）解剖學（Anatomy）

槲寄生的葉片其特徵為含低量之葉綠素，其大小變化很大，從鱗片狀至寬幾公分的器官。花可能為雌雄異株或雌雄同株，具有花冠或不具花冠。在種子散布上，取食花蜜的鳥類可能較昆蟲扮演更重要的角色。

含有種子的果實，其等徵為一肉質之外皮包住具黏性物質的種子外層。此一外層稱作viscin，其作用為將果實黏在寄主的器官上，而有利於種子發芽，並且提供有利的潮溼環境。種子本身為一裸露的胚，包埋在內胚乳組織中。在viscum屬中之某些物種，其種子可爆裂彈出1～2呎遠，然而大多數的槲寄生缺乏此種機制，它們的種子散布主要是經由動物媒介。

槲寄生的根系（root system）不如稱為吸器系統（haustorial system），包含有cortical strands及sinkers。發芽中種子的胚根長出第一次吸器（primary haustorium）。而含有木質部（xylem elements）的cortical strands即是從primary haustorium突出而形成。而楔形構造的從sinders或primary haustorium或cortical strands發育而成。通常sinkers位於寄主木質部組織的射線內，在那它們似乎和寄主一致地生長。Sinkers可能排開寄主細胞，但並不侵入細胞內。由於此種構造可發展維管束來組織（vascular elements），而與寄主細胞直接接觸，它們的作用可能爲吸收水分及營養物質。在有些例子中顯示，吸器系統（haustorial system）在沒有空中部分存在下，可以維持相當久的時間。

（二）生活史（Life cycle）

在典型的槲寄生生活史中，鳥類在消化掉外皮後，排出種子。當種子接觸到葉片、枝條或樹幹時，膠狀的viscin能使其固著在表面上。當暴露在乾、溼週期後，viscin失去其大部分之吸水性質，而作用如牢固的水泥。在此種相當堅牢的附著之後，種子發芽，而其子葉或胚根沿著寄主表面生長。當遇到適當的侵入位置，通常爲遇到障礙（例如枝條上長出的針葉），即長出吸盤（holdfast），通常呈半球形，沿著寄主的邊附著住，其附著係以放出黏性物質而產生緊密的黏著。在holdfast之內部或上表面會長出乳頭狀的突起，而附著在樹皮上。由於吸盤（holdfast）之生長造成周皮（periderm）升起並破裂，使得槲寄生的初次吸器得以進入寄主體，以後的侵入寄主體可經由機械力量及酵素作用。吸器的先端可以產生酵素，而能分解寄主中膠層（middle lamella）的果膠物質（pectic materials）。當吸器系統（haustorial system）在寄主體內逐漸擴大，槲寄生的莖、葉及果實即產生。鳥類取食槲寄生的果實後，再將種子散布到它處。

（三）爲害（Damage）

槲寄生吸收寄主之水分，可能還有部分養分，而使寄主本身僅獲部分之需要，而使寄主未被害部分組織因生長降低而產生變形。在寄主被感染部位出現腫瘤及帚狀構造。槲寄生本身很少造成寄主之死亡，但會使寄主更易受到其他病蟲之侵襲。它造成之損失包括材積生長減少以及可使用材積減少。

（四）防治（Control）

其防治法一般爲修剪、燒毀或噴藥（如果經濟上有利時，例如在高經濟果園）。在奧克拉荷馬州（Oklahoma）及一些地區，結果的槲寄生被收集當作耶誕節裝飾品售賣。

二、矮性槲寄生（Dwarf misstletoe）

矮性槲寄生爲桑寄生科（Loranthaceae）中之*Arceuthobium*屬，現被歸之於Viscaceae中。矮性槲寄生爲寄生性植物中爲害最嚴重的一群。它們的寄主僅限於針葉林，而在北美洲的西部地區爲害最爲嚴重。

（一）解剖學（Anatomy）

矮性槲寄生與槲寄生在莖部及寄生於內部之系統，在解剖上之性狀非常類似，但矮性槲寄生的葉片退化至呈鱗片狀的構造。

（二）生活史（Life cycle）

矮性槲寄生的種子散布方式有三種。第一爲種子成熟時，果實內吸漲水分並形成離層，而將種子靠壓力彈出。此種散布方式相當慢，但在地區性擴展時期相當有效。第二種方式爲經由動物媒介來散布，沒有證據可以顯示矮性槲寄生的種子經由鳥類的消化系統來散布。種子的黏著性使其可以附著在鳥類及其他動物身上而傳播到他處。第三次可能的方式爲經由風力傳播，由於其種子之大小，此種傳播方式只有在風速很大時才可有重要性。

當種子被釋放時，其較可能附著在針葉上，通常種子留在接受的針葉上，直到雨水將它們沖洗到針葉之鞘部。大多數的感染形成於當種子與針葉的軸部接觸時，自然開口常發生於軸上，而讓胚在無阻攔下進入寄主，種子能確實造成感染的比率並不高。即使種子沉降到適當寄主的針葉上，也可能因爲雪、雨、昆蟲、眞菌、鳥或高溫等因子而掉落或被摧毀。

（三）病徵（Symptom）

最早可見到的病徵爲矮性槲寄生使寄主的肉皮（inner bark）之厚度及含水量增加。當感染進行時，被侵入枝條的基部通常變爲正常的3～5倍。在被感染後兩年病徵才開始明顯，形成矮性槲寄生空氣中部分需要再兩年，兩年後才形成種子。在被感染的枝條上可能發生潰瘍病，最後矮性槲寄生的寄生，使寄生形成簇葉病的病徵。這些變形的枝條對風及雪之爲害變更爲感受性。

（四）爲害（Damage）

矮性檞寄生爲害最重要的是造成生長速率的降低，其次爲增加死亡的可能性，有時使被害樹之種子生產減少且發芽不好，被害株也因潰瘍發生或形成簇葉而降低木材品質。在某些情形下，檞寄生（Dwarf mistletoe）也可能引起被害樹死亡，然而更常見的是檞寄生之感染使被害樹對生物性及非生物性逆境更具感受性。

（五）防治（Control）

將被害寄主砍伐以去除病原，可達防治效果。在高價而輕度感染的林地，可以修剪或選擇砍除被害樹，也可以達到防治效果。另外燒火或利用其天敵（如昆蟲或病菌）以去除檞寄生（Dwarf mistletoe）也是可採行方法之一，抗病育種也是防治法之一。

三、菟絲子（Dodders）

菟絲子爲旋花科（Convolvulaceae）植物中的菟絲子屬*Cusuta*。菟絲子的種子發芽及植株之最初發育，是在種子接觸地面後開始。其幼植物包含黃色而無葉的莖於空氣中，如果與其他植物接觸，即纏繞於寄主莖部，最後形成吸器（haustorium）於寄主體內，在吸器開始形成後不久，菟絲子的基部（與土壤接觸部位）即乾死，此後菟絲子就完全依賴寄主過活。

菟絲子對樹木之直接爲害可能相當輕，其在苗圃之爲害較爲嚴重。菟絲子也是多種濾過性病害（virus）及菌質（MLO）的媒介。

四、非寄生性植物之爲害（Damage by nonparasitic angiosperms）

主要是一些蔓藤類，例如香澤蘭或是最近引起大家重視的小花蔓澤蘭，這些植物由於生長快速，同時具有蔓爬的能力，導致苗木或是樹木被覆蓋其下，初期出栽造林的苗木由於高度不高受此影響很大，需要進行割蔓及除草等的撫育措施，才能

確保造林苗木健康生長。小花蔓澤蘭令人憂心之處是即使是樹木已經足夠高大，仍能以快速的生長及蔓爬能力進行樹冠層的覆蓋，特別是綠覆率不足之孔隙地，樹冠大量被覆蓋影響樹木光合作用時日一久，樹木自然衰弱死亡。另外一些地衣也被認為具有影響樹木光合作用的能力，例如松蘿，然長期觀察的結果似乎是一種巧合，樹木生長是衰弱後，造成大量落葉形成枯枝及孔隙讓松蘿有適宜生活的空間。

防治措施：加強撫育及除蔓保護樹木的生長，待樹冠鬱閉後，此類危害自然消滅。

五、藻類之為害

危害樹木的主要寄生性藻類屬於綠藻門（Chlorophyta）、綠藻綱（Chlorophyceae）、橘色藻目（Trentepoliaceae）、橘色藻科（Trentepoliaceae）的四個屬分別為*Trentepolia*屬、*Cephaleuros*屬、*Phycopeltis*屬及*Stomatochroon*屬的藻類。其中以Cepaleuros virescens最為常見。大部分的情況下，對樹木的危害並不嚴重，但是在一些經濟果樹的栽培管理可能會造成一些影響，例如芭樂及蓮霧，或是在溫溼度適宜的環境中對一些苗木的培育會發生障礙。

以下是臺灣常見的高等植物及藻類引起的病害案例：

1. 闊葉樹藻斑病（Algal spot of hardwoods）

病原：*Cepaleuros virescens* Kunae。

藻體成長後大小約5-15mm，由分叉有隔膜的藻絲組成並在寄主的表面上長出氣生藻絲包含胞囊梗及不孕性剛毛，胞囊梗大小約150-200×2-14μm，有2-3個隔膜，頂端細胞膨大成球形，頭狀細胞上又側生2-8個小胞柄，小胞柄頂端發育成游走孢子囊，大小22-27μm，有水或降雨時，成熟的游走孢子囊即釋放游走子，游走子梨形，四條鞭毛，大小5-8μm。

病徵：本病主要為害葉片及綠色枝條，初期在被害部位表面長出直徑約1-2mm的圓形小點，呈黃褐色至紅褐色，此等病斑係由中心點呈放射狀的細線組成，同時逐漸擴大成為圓形或近似圓形、直徑3-8mm的斑

點。病斑較周圍組織稍微隆起，表面長出許多直立而細小的毛狀物，呈黃綠色至黃褐色，此即爲病原之孢子囊柄，其上著生一至數個孢子囊。末期病斑逐漸褪色成灰褐色至灰白色，且表面變得平滑。

發生生態： 本病態原寄主範圍廣泛，在臺灣已發現有100種以上之寄主植物。主要爲闊葉樹，部分針葉樹或藤木植物也會被寄生。本病性喜高溫高溼，所以雖然本病原分布很廣，但主要發生在亞熱帶及熱帶地區。多雨、潮溼、種植過密，或光照不足，皆有利於病害之發生。

防治方法： 本病目前無正式推廣之防治方法。樹木種植過密，應適當修枝，以減輕病害發生之機會。一般而言，由於藻類對銅離子敏感，故藻斑病可用銅劑來防治。另外實務上石灰硫磺合劑及鋅硫磺合劑對於藻斑病也有一定的效果。

寄主植物： 多種闊葉樹或灌木，如山茶花、油茶、大頭茶、桂花、相思樹、饅頭果、樟樹、紅淡比、青剛櫟、杜英、山龍眼、江某、紅楠、山香圓、土肉桂、愛玉、樹己、龍眼、芒果、柑桔等林木、觀賞樹木及果樹。

① 茄苳葉片上之藻斑
② 茶花葉片上之藻斑病

③ 楓香葉片上之藻斑病
④ 玉蘭花葉片上之藻斑病

2. 油茶桑寄生（*Scurrula lonicrifolius* on *Camellia oleifera*）

病原： 忍冬葉桑寄生（*Scurrula lonicerifolius*（Hay.）Dans.）常綠灌木，
葉表，苞片及萼均具絨毛，葉兩面不同色，葉革質，背面有宿存星狀
毛，花成總狀或穗狀排列。根發育不良，以吸器（haustoria）吸取寄
主之養分；莖之節部每見膨大。

病徵：受寄生之油茶生長停滯，葉片變小、黃化，最後受寄生之枝條枯死。

發生生態：忍冬葉桑寄生以鳥類為主要授粉者，如冠羽畫眉、綠繡眼、紅胸啄花鳥、綠啄花鳥。其種實長距離的傳布也以鳥類為主。

防治方法：人工清除桑寄生。

常見寄主植物：油茶、臺灣槲寄生、紅毛杜鵑、山櫻花、梨、桃、川上氏、鵝亞櫪、厚皮香、青楓、杉木、樣玉蘭、臺灣胡桃、樟樹。

⑤ 油茶桑寄生之紅色花
⑥ 油茶桑寄生的枝條（紅色箭頭所示）
⑦ 油茶桑寄生

3. 菟絲子（Dodder）

病原： 菟絲子（*Cuscuta australis* R. Br.）。

菟絲子屬（Cuscuta, dodder）是旋花科（Convolvlaceae）中唯一的全寄生性植物（holoparasitic plant），全球已知有100多種。臺灣的菟絲子屬植物有5種，分別是：菟絲子（又名南方菟絲子；*C. australis* R. Br.）、平原菟絲子（*C. campestris* Yunck.）、中國菟絲子（*C. chinensis* Lam.）、臺灣菟絲子（*C. japonica* Choisy var. *formosana*（Hayata）Yunck.）及日本菟絲子（*C. japonica* Choisy var. *japonia*）（Liao et al., 2000），其中以平原菟絲子分布最廣，寄主多達265種。菟絲子植物具有柔軟、分枝、黃色的絲狀構造，可生長纏繞在寄主植物的葉片及多汁的樹幹上。利用吸器侵入植物體內吸收養分及水分，缺乏葉綠體，需完全依賴寄主植物，為絕對寄生性。可開花結果，一般在夏秋結果。種子發芽後向四周找尋寄主形成吸器侵入寄主。

病徵： 受其為害之植物生長不良、黃化、嚴重時枯死。

發生生態： 菟絲子的寄主範圍廣泛，自草本到木本植物，為害之木本植物多屬小灌木。主要分布於平地及中低海拔。

防治方法： 拔除受害樹木上之菟絲子或是直接消除受害植株。雖有些銅劑可以抑制其生長，但效果不佳，因此不建議任何藥劑。

⑧ 菟絲子危害之金露華綠籬。

⑨ 莬絲子危害情形
⑩ 莬絲子的花和吸器

4. 無根藤（*Cassytha filiformis* L.）

病原：無根藤（*Cassytha filiformis* L.）。

無根藤爲樟科植物中少數的藤本寄生植物，其莖綠色至褐色，略呈木質；具纏繞性，常寄生於多種喬木及灌木植株上，藉由吸器汲取宿主水分及養分。植株體內具黏液。幼株常具鏽（色）毛，但成熟後稀疏分布或不具毛。

病徵：受其爲害之植物生長不良、黃化、嚴重時枯死。

發生生態：菟無根藤的寄主範圍廣泛，自草本到木本植物，爲害之木本植
物多屬小灌木。主要分布於平地及低海拔。

防治方法：拔除無根藤同時消除受害植株。

⑪ 無根藤危害情形
⑫ 無根藤纏繞宿主並以吸器（紅色箭頭所示）吸收宿主養分

參考文獻

陳霖（1987）。臺灣產桑生科分類之研究。國立中興大學森林研究所碩士論文。

廖國瑛（1990）。臺灣產菟絲子屬與無根藤屬植物寄生現象之研究。國立中興大學植物研究所碩士論文。

謝煥儒（1985）。臺灣木本植物病害調查報告 (9)。林試所試驗報告，p. 445：p.1-9。

謝煥儒（1990）。臺灣木本植物病害調查報告 (14)。中華林學季刊，23(3)：p.39-43。

Hsieh, H. J. (1983). Notes on host plants of Cephaleuros virescens new for Taiwan. *Bot Bull. Academia Sinica*. 24:89-96.

CHAPTER 8

線蟲引起之病害

線蟲在樹木病害之重要性一般較為人所忽視，主要因線蟲多數感染地下部，且感染初期沒有明顯的特徵。當線蟲族群數目大時，會造成樹木之生長不良，然而它們最重要的往往是它們的第二次影響（secondary effects），而影響到樹木的健康。線蟲取食的傷口提供根部感染的病原菌很好的侵入口，再者線蟲也可作濾過性病毒（virus）傳播之媒介。

破壞菌根之關係，可能為線蟲感染的一個極重要之間接影響。Zak（1967）觀察到根瘤線蟲（Meloidogyne）感染花旗松之菌根。現已有證據影示，有些線蟲可直接取食菌根真菌，由於線蟲取食的結果破壞了菌根對於樹木根部之保護作用，而使根部病原菌能侵入，造成根腐病。

一、線蟲之一般性狀

線蟲為一種低等動物，在自然界分布很廣，種類似也很多，與其他微生物一樣，多數為腐生性，也有動物寄生性及植物寄生性。其體形小，一般在15-35 × 300-1000 um，身體細長而呈半透明狀，線蟲為多細胞動物，但構造簡單，並無分隔的體腔，在體腔內有些組織系統，如消化系統、神經系統、排泄系統及生殖系統，但沒有循環及吸收系統。一般而言，體態左右兩面是對稱的，植物寄生性線蟲在其口腔中，有口針（stylet），用以穿刺植物細胞，並吮吸汁液，為其最大之特徵。

植物寄主性線蟲在土壤或植物組織中產卵，卵孵化後形成幼蟲，而以幼蟲侵入寄主為害。幼蟲一般經過四次脫皮而發育為成蟲，交配後雄蟲死亡，雌蟲產卵而完成生活史。

二、線蟲之感染與生態

植物寄生性線蟲係以幼蟲感染植物，依其感染方式又可分為外部寄生性（ectoparasitic）及內部寄生性（endoparasitic）二種。

　　土壤潮溼有利於線蟲的活動，但土壤水分過多常不利於線蟲存活，所以田間長期積水能殺死大多數線蟲。多數線蟲病害在沙壤土中比黏重土中發生較重，這可能是沙壤土通氣良好或空隙較大，有利於線蟲的生活或活動的緣故。

　　線蟲的傳播途徑主要是以寄主植物的種子，種苗作遠距離的傳播，而土壤也可攜帶線蟲而傳播。此外灌溉水或雨水成之逕流也能將線蟲帶至他處。

三、線蟲病害之病徵與診斷

　　線蟲對植物之致病之作用，除線蟲口針對寄主的創傷和線蟲在植物組織穿行所造成的機械損傷外，主要是線蟲穿刺時，分泌各種酶或毒素，造成各種病變。線蟲病主要引起的病徵有植物生長遲緩，植株矮小，黃化或色澤失常而類似營養缺乏症，嚴重時有萎凋情形。被感染部常呈現局部變形、扭曲、壞死或腫瘤等病變。

四、線蟲病害的防治

　　根部危害的線蟲主要以土壤燻蒸劑或殺線蟲劑作土壤處理，特別是連作障礙的苗圃，在種植前可利用淹水或是土壤燻蒸劑進行土壤處理以打破連作障礙。另外種苗可以透過溫水處理來防治線蟲，降低線蟲的傳染。而位於松材線蟲疫區內的松樹則建議以防治藥劑進行預防性施用，以避免松樹遭受危害。

五、臺灣發生之重要線蟲病害

1. 根瘤線蟲（Nematode root knot）

病原： *Meloidogyne incognita* Kofoid et White。二齡幼蟲長約360-390 μm，頭部常具三個環紋。口針長10 μm，背食道腺開口距口針基部約2-2.5 μm。雌蟲侵入根部後，體型逐漸改變，呈長橢圓形乃至近圓球形。體長約510-690 μm，寬約300-430 μm。口針長15-16 μm；稍彎向背面。背食道腺開口距口針基部約2-4 μm。

病徵： 本線蟲二齡幼蟲侵染植株根部引起腫狀根瘤，有些寄主植物的腫狀根瘤非常明顯，例如泡桐或葡萄的根部往往由數個腫瘤連結成疣塊狀。但有些寄主植物則不明顯，需仔細觀察其細根有稍微的腫大凸起例如仙丹花或硃砂根，而腫大凸起處在解剖顯微鏡下即可發現蟲體。由於蟲體的取食，造成的傷口或不正常的根泌出物往往導至其他病原菌的入侵而形成複合感染。根瘤線蟲的寄生影響寄主植物根部對營養的吸收，易造成微量元素缺乏症。罹病植物特別是苗木明顯的較健康植物生長不良，植株矮化，葉片較少或者黃化而無生氣。

發生生態： 本線蟲以卵塊或幼蟲殘存於土中或其他寄主植物，以二齡幼蟲侵染植株根部。

防治方法： 可參考植物保護手冊推薦於根瘤線蟲用藥，例如10%普伏瑞松或福賽絕粒劑以環施法：在植株周圍環形開溝15公分深，每株使用30公克均勻撒布於溝底再覆土。或以撒布法：每株50公克，均勻撒布於根系範圍土面上再灑水，保持適當溼度。

其他寄主植物： 相思樹、絨毛相思樹、藿香薊、紫花藿香薊、麻六甲合歡、長梗滿天星、滿天星、茶、小葉碎米菁、小葉灰藋、柳杉、杉木、白雞油、西番蓮、泡桐、臺灣泡桐、日本泡桐、白桐、閉果松、美洲赤松、歐洲赤松、葡萄、臺灣欅等寄主植物。

① 矮仙丹受南方根瘤線蟲感染的植株呈現生長不良

② 受根瘤線蟲危害之矮仙丹植株黃化呈現營養不良
③ 硃砂根受根瘤線蟲感染膨大的根系

2. 松樹松材線蟲萎凋病（Pine wilt disease）

病原： 松材線蟲（*Bursaphelenchus xylophilus*）

松材線蟲軀體呈長條狀，具游動性，但蠕動緩動，成蟲長約1公厘，具口針但基部結球細小，中部食道球膨大，約占體寬四分之三以上。雄蟲交接刺前端呈圓盤狀，尾端似鷹爪，並具交接尾囊；雌蟲生殖孔具陰門孔蓋，尾端則呈手指狀。

病徵： 被松材線蟲感染的松樹，一般潛伏期為2-6週，這段期間罹病松樹的外表和健康松樹並無兩樣，但其內部松脂的分泌會逐漸減少，最後乃停止分泌；同時松樹的呼吸率增加，蒸散作用及水分輸導受阻，致使針葉因失水而出現外表病徵。初期的病徵包括生長停止，針葉褪色黃化，而黃化是由松針基部往上擴展，此現象一般出現在葉稍下方，最早在單枝或少許枝條的末梢，然後逐漸擴大到其他枝條。最後全部枝條皆發生黃化，針葉轉呈赤褐色，終至枯萎死亡。由於初期的病徵通常不明顯，或因病勢進展太快，而錯失盡早發現病害的機會，但感染的松樹迅速枯死，赤褐色的松針依然掛在枝條上，實為本病大的特徵。一般在病害流行的地區，發現針葉變黃的松樹，可透過流脂診斷法加以初步判斷，也就是在樹幹胸高位置打一孔洞，洞深及木質部，約經半小時後檢視松脂的流量，如果孔洞乾燥，未見流脂發生，則該松樹可能已遭松材線蟲的感染。

④ 松材線蟲萎凋病初期病徵
⑤ 松材線蟲萎凋病中期病徵多數針葉出現紅色或萎黃
⑥ 松材線蟲末期病徵罹病松樹全株由黃化轉赤褐色繼而枯萎。
⑦ 山區松材線蟲萎凋病發生的情形

⑧ 流脂診斷法：以打孔器在松樹幹胸高位置打一孔洞，
　洞深須及木質部。

⑨ 流脂診斷法：30 分鐘後檢視松脂的流量，如果孔洞
　乾燥，未見流脂發生，則該松樹可能已遭松材線蟲的
　感染。

發生生態： 本病是由松材線蟲藉著松斑天牛為媒介所引起的松樹急性萎凋
症候群。在4-10月間，當帶有松材線蟲的松斑天牛，於取食健康松樹
的枝條時，線蟲從天牛的氣管釋出，由枝條傷口進入松樹體內組織造
成感染。當松樹病發後，松脂會停止分泌；罹病松樹所分泌的揮發性
物質會誘引交配過的雌天牛至樹幹產卵，產於樹皮下的卵約一週即可
孵化，幼蟲先取食松樹韌皮部組織，並隨著蟲體成長，轉而進入木質
部鑽洞咬食，約3-4個月後，幼蟲鑽入邊材內的蛹室並進入前蛹期。此
時病死木內的松材線蟲會被天牛所產生的不飽和脂肪酸及二氧化碳所

⑩ 松斑天牛產卵孔
⑪ 天牛幼蟲取食後之排遺
⑫ 天牛幼蟲

誘引，聚集在天牛蛹室周圍，並鑽入天牛體壁氣管中，俟天牛化蛹羽化後，取食松樹枝條時，松材線蟲得以從天牛的氣管中釋出傳播。在臺灣，雖然每個月皆可觀察到松斑天牛的羽化及活動，依照活動族群推測松斑天牛可能有1-2個世代。從卵孵化至羽化，越冬型幼蟲需時約一年，不越冬型幼蟲僅需時約3-5個月，松材線蟲可在病死木內存活二年之久，但松斑天牛只產卵於當年發病的松樹，死亡超過一年以上的松樹，松斑天牛不會再去產卵。

防治方法： 臺灣大面積的低海拔琉球松造林地在松材線蟲萎凋病的摧殘之下，幾乎已成為歷史的照片，少數的留存松林不是因為民眾或是機關刻意保護下，就是天然更新林相改變後，再從其他樹種競爭的孔隙中冒出來的，在陽明山區還是可以見到這些天然更新後的林相中殘存或是再冒出來的松樹，這些松樹還是有機會被被感染只是感染的情形已經沒有像1986-1990年間這麼嚴重了。在臺灣利用非寄主樹種的更新造林是大面積防治松材線蟲的主要方法。雖然中高海拔的山區臺灣松科樹木的分布很廣泛，但是僅偶然有被松線蟲感染發病的情形，整體而言海拔較高的地區，松材線蟲萎凋病的危害是輕微，同時也沒有連續大發生的情形。

(1) 病害預防措施

　　雖然在「臺灣常見樹木病害」及「松材線蟲防治手冊」或是相關書籍及推廣摺頁中有記載有關空中藥劑噴灑及地上藥劑噴灑的描述（摘錄如下），但是在實務上空中藥劑散布在臺灣似乎很難執行，主要是對環境衝擊非常大，所能收到的效果可能非常有限，特別是臺灣一年中的每個月份都可以觀察到松斑天牛的羽化。地上藥劑的散布方式來防治松材線蟲萎凋病在校園及公園或是營區內有施用的紀錄，但是效果似乎沒有想像中的大，特別是在松材線蟲正在發生的地區，這或許是所應用的殺蟲劑的有效防治期間並不長，而傳播媒介松斑天牛的活動範圍大及活動時間長，除非提升噴藥的頻率，否則難有良好的防治成效。

① 空中藥劑散布：在松斑天牛活動季節（臺灣為每4月至10月）以飛機或直昇機施行空中藥劑散布，直接撲殺松斑天牛，防止病害傳播。此法適用於松

樹純林，沒有水源地及人畜之顧慮，實施前要謹慎做好環境影響評估，最好使用對環境毒性較低殺蟲劑。

② 地上藥劑散布：利用動力噴霧機行地面噴灑藥劑，此法可彌補空中藥劑散布不能實施之處，特別是靠近人畜居住的地方。使用的藥劑以低毒性殺蟲劑為佳，如「撲滅松」或「普硫松」等藥劑。

將防治線蟲的藥劑導入松樹體內，同時可以讓藥劑能夠在松樹體內長時間的留存，使松樹能夠在疫區隨時有機會被感染的情況下有效的對抗松材線蟲，這是目前松線蟲疫區內保留松樹的最佳的方法。目前臺灣地區常用的方式摘入如下：

① 樹幹注射：此法是將殺線蟲劑直接注入樹幹，讓藥劑在樹體內全株運行，以殺死入侵之松材線蟲，達到保護松樹免於感染後受害。但藥劑注射必須在松斑天牛羽化前3-4個月內完成（在臺灣主要施用時間為12-1月間），可使用的登記推薦藥劑現有摩朗得（酒石酸鹽）其他溶液，於松樹樹高50公分處，以6.5公厘直徑之電鑽頭與樹幹呈30°鑽深度5-9公分的孔洞，然後藉由加壓瓦斯及灌注筒，將藥劑由孔洞注入，每棵松樹注入量不同，可參考植物保護手冊，依照樹胸徑大小進行調整。此藥劑僅具保護效果，並無治療之功效，對已經罹病松樹進行施用達不到治療效果。

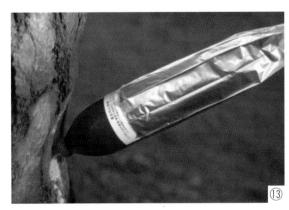

⑬

⑭

⑬ 摩朗得（酒石酸鹽）樹幹注射
⑭ 福賽絕乳劑稀釋後土壤灌注預防松材線蟲萎凋病

② 土壤藥劑灌注：早先植物保護手冊登記推薦75%乳劑福賽絕稀釋125倍進行松樹根圈土壤灌注，作為松線蟲病之防治藥劑。後因75%乳劑福賽禁用而改用15%的福賽絕乳劑進行稀釋土壤灌注使用。施用劑量請參考植物保護手冊或是仿單。本藥劑對於已經感染松線蟲之松樹無治療效果。不建議對已染病之松樹施用本藥劑。施用經驗上，本藥劑的施用時機似乎在松樹非休眠期間施用效果較好，所以在開春後使用較較冬季使用效果佳。同時因此藥劑具有系統性的效果，應避免食用施用藥劑之松針及其衍伸之食品。藥劑施用時土壤略為溼潤者效果較佳，但是需要避開下雨的時候施用，以免大量藥劑被雨水沖刷降低防治的效果。

③ 樹幹點滴：在早先無登記之推薦藥劑可用時或是當推薦藥劑無法購得或是生育地無法進行土壤藥劑灌注，臺灣一些松樹的管理單位，會利用空氣壓力瓶的方式將松線蟲防治藥劑輸入樹幹內，看起來像是打點滴一樣慢慢將殺蟲藥劑注入松樹體內，使用時機與樹幹注射方式相同。

(2) 感染源剷除措施

大面積的松樹造林地或是天然松林，發現有疑似被感染時，應立即將感染源給剷除以避免感染擴大。利用感染源剷除的措施進行防治時，應掌握時間越快越好，這樣才能收到預期的效果。感染源剷除的方式摘錄如下：

藥劑散布：將病死木伐倒，集中堆放，直接噴灑「撲滅松」等殺蟲劑於松樹表面，直到完全溼潤為止，並以塑膠布緊密覆蓋，確保藥效，防止松斑天牛羽化飛出。

燻蒸：將病死木伐倒，集中堆放，再以塑膠布覆蓋後，利用「溴化甲烷」或「斯美地」等燻蒸劑來殺死樹幹內的松斑天牛和松材線蟲。

燒毀：將病死木伐倒，集中堆放於空曠處燒毀之。

破碎：將病死木以切碎機切成1-1.5公分厚的木屑片，使松斑天年幼蟲失去存活的空間而死亡。

剝皮：將病死木伐倒剝皮，以阻絕松斑天牛幼蟲生活的空間，並加速木材之乾燥，使天牛和松材線蟲因失水而死亡。

⑮ 樹幹點滴法。
⑯ 大面積松林進行病株砍倒之田間衛生工作 (1)。
⑰ 砍伐後病枝幹集中燻蒸之田間衛生工作。

常見寄主植物：松材線蟲的寄主範圍只局限於松科植物。根據文獻記載，超過五十種的松科樹木可被松材線蟲自然感染或經由人工接種而發病。臺灣的松科植物，目前除油杉、帝杉和鐵杉尚未有發病的報導外，其他各屬的樹種都有罹病的可能。在臺灣，以琉球松、黑松和臺灣二葉松最為感病，溼地松和德達松雖然有發病的報導，但是似乎比較耐病些。而臺灣五葉松和華山松在近十幾年開始大量被種植，在低海拔的庭園及校園中，已經陸續有被感染發病枯萎的案例。

參考文獻

王國強（1972）。根瘤線蟲為害苗木之調查。臺大實驗林研究報告第 102 號。
行政院農業委員會農藥毒物試驗所（編印）（2012）。植物保護手冊。1079 頁。

張東柱、謝煥儒、張瑞璋、傅春旭（1999）。臺灣常見樹木病害。林業試驗所，204 頁。

張瑞璋（1997）。臺松材線蟲萎凋病之防治。林木病蟲害研討會論文集。中華林學會 & 臺灣省林業試驗所印行，17-25 頁。

張瑞璋、曾顯雄、顏志恆（1997）。松材線蟲防治手冊。林試所林業叢刊第 71 號，42 頁。

傅春旭、胡寶元、張東柱、薛凱琳、徐維澤（2012）。福賽絕土壤注射法於松材線蟲病之預防。林業科學 27(2)：143-148。

曾顯雄、朱耀沂（1986）。松材線蟲病及防治對策。臺灣省林務局，28 頁。

謝煥儒（1985）。臺灣木本植物病害調查報告 (10)。中華林學季刊 18(2)：55-63。

Kishi, Y. 1995. *The pine wood nematode and the Japanese pine sawyer*. Tokyo, Japan: Thomas Company, p. 302.

Mamiya, Y. 1983. Pathology of the pine wilt disease caused by *Bursaphelenhus xylophilus*. Annu. Rev. Phytopathol, 21:201-220.

CHAPTER 9

病毒及其引起之病害

　　病毒是分布極廣的微生物，各種動植物及其他微生物，如細菌、眞菌等都可能受到病毒的感染，目前已知之植物病毒約在600種以上。在種子植物中，病毒病害大多數發現於被子植物上；在農作物上，病毒病害常成爲嚴重威脅生產的重要病害。在木本植物上，病毒病害主要發生於闊葉樹、針葉樹則很少受害。

一、病毒之一般性狀

　　病毒需要靠活的生物來幫助複製病毒體，屬於絕對寄生性的微生物，它與其他微生物不同之處，係病毒無法產生酵素、毒素或其他化學物質等來爲害寄主，也無法直接利用寄主體內的營養物質，從事本身之直接合成，如眞菌或細菌般可以分解及轉化有機物質。

　　病毒的個體十分微小，一般大小在100 nm左右，無法以普通光學顯微鏡來觀察，只能以電子顯微鏡辨認它的形狀大小。病毒呈球狀、桿狀、纖維狀或多面體狀，其構造簡單，沒有細胞壁、細胞核等構造，主要只包含蛋白質外鞘（protein coat）及其中所含之核酸。也有些沒有蛋白質外鞘，僅有核酸的致病體，稱爲擬病毒（viroid）。

　　病毒之組成分中，核酸約占5-40%，寄生於植物的病毒大多數爲單股之核糖酸（single stand RNA），只有極少數爲雙股之去氧核糖核酸（double strand DNA）。

二、病毒之感染及生態

　　植物病毒只能由傷口、媒介體或依靠花粉注入胚珠，而進入植物細胞內，植物病毒有感染能力的，只是核酸部分，而其蛋白質外鞘不具感染力，也不會影響病毒的感染力。有些病毒可以具有兩種以上不同的形態，而不同形態的病毒可能具有不同的遺傳分工。只有當不同形態的顆粒共同進入寄主時，才能表現出病毒的全部感染能力、致病性及其他遺傳特性。

　　病毒增殖的方式不同於細胞生物的繁殖，它不是在寄主細胞內吸收養分來繁殖其本身，而係由核酸來支配寄主之核酸，使寄主細胞合成大量與病毒相同之核酸及

蛋白質外鞘，這些核酸和外鞘再結合成病毒體，病毒對寄主之為害即在改變了寄主細胞之正常代謝途徑，破壞了正常的生理程序。

　　植物病毒感染的主要來源為活的寄主植物及昆蟲等媒介體，由於病毒不能在寄主活細胞以外生存，其傳播方式受到很大限制。大多數病毒在自然界的傳播方式是依賴昆蟲等媒介來傳播，有些也可以經由病、健植物之接觸摩擦而傳播。在果園、竹園、種子園等地區，嫁接、插條、根株繁殖、修枝、修剪、鋤草、採筍等，手和工具都可能沾染上帶病毒之植物汁液而傳播病毒。

三、病毒病害之病徵及診斷

　　病毒絕大多數為系統性感染，隨著病毒從感染點擴展至植物的全身，病徵也逐漸在全株各部分表現出來，其中以葉部及嫩枝表現最明顯，有時也表現在果實上。病毒很少進入種子及生長點，主幹及地下部分雖然也有病毒存在，但很少表現出受害的症狀來。

　　病毒感染植物造成之病徵主要有嵌紋、葉黃化、斑點、花器葉化、畸形以及生長停滯，以致植株短小、開花、結果減少，甚至不開花結果，嚴重時罹病株死亡。

　　病毒引起之病害在症狀上，常易與昆蟲為害及生理性病害，尤其是微量元素缺乏或環境汙染所引起病害相混淆。但受病毒為害之植株在林間的分布是分散的，病株的周圍常可以發現完全健康的植株，且發病後一般不能恢復健康。而生理性病害則往往是整片發病，經過增加營養或改善環境後，可能使病株恢復健康。

　　病毒病害除了由病徵來診斷外，還可經由電子顯微鏡觀察、光學顯微鏡之染色觀察、血清學之反應、指示植物之測定等方式來做診斷。

四、臺灣發生之重要樹木病毒病害

1. 竹嵌紋病（Bamboo mosaic）

　　病原：竹嵌紋病毒（bamboo mosaic virus）。

　　　　竹嵌紋病毒屬於馬鈴薯病毒X群（Potexvirus）的成員，病毒粒子為

長絲狀，大小為500×15 nm，具單鏈的核糖核酸（single stranded RNA）。此病毒可在藜科植物上（*Chenopodium* spp.）造成局部病斑，熱不活化溫度為78-80℃，稀釋終點為10^{-5}-10^{-6}，於24℃下保存一個月仍具感染力，保存於-15℃，其感染能力能維持4個月以上。

病徵： 本病最大的特徵即在竹葉上出現黃綠相間的嵌紋，尤以心葉最為明顯，並在竹桿及筍籜上出現褐色條斑。嵌紋亦可在綠竹的竹桿上出現，但不容易在麻竹上觀察到此病徵，然受害的麻竹筍，其筍肉組織內散生不規則狀黃褐色斑點，此為判斷麻竹是否罹病的另一診斷特徵。罹病竹叢的出產量減少，竹筍體形較小，筍肉有硬化的組織，使竹筍的品質也受到影響，大幅降低竹筍的經濟價值。

發生生態： 由於竹子是多年生植物，罹病竹叢成為嵌紋病在竹林終年的感染源，可經由機械傳播或是由感病的竹叢所產生的竹苗傳播，特別是採筍刀具很容易將竹嵌紋病毒由病株傳播到健康的植株。目前尚未發現本病的媒介昆蟲，遠距離的傳播主要藉由引進罹病的竹苗所致。

防治方法：

(1)植物病毒病害無法治癒，一旦竹叢出現病徵，要立即砍伐燒毀，以剷除竹林內的感染源。

(2)以酒精或5%次氯酸鈉（漂白水）消毒採筍工具，避免機械傳播，做好田間衛生工作。

(3)栽植健康無病毒的竹苗，引種時請勿採用來自罹病區的種苗。

常見寄主植物： 竹嵌紋病毒可感染十多種竹類植物，主要分屬於蓬萊竹屬（*Bambusa* spp.）和麻竹屬（*Dendrocalamus* spp.），如綠竹、長枝竹、泰山竹和麻竹等合軸叢生的竹類植物，其他竹類如孟宗竹屬（*Phyllostachys* spp.）或箭竹屬（*Pseudosasa* spp.）等竹類植物，目前尚未有被感染的報告，如果上述竹類出現竹嵌紋病徵，可能不是竹嵌紋病毒所引起的。此外，本病毒亦可在少數藜科和莧科植物上造成局部病斑。

① 竹嵌紋病之病徵
② 竹嵌紋病葉片上黃綠相間之嵌紋

2. 茶花毒素病（Camellia virus disease）

病原：主要是由山茶花葉黃斑病毒（Camellia yellow mottle leaf virus）引起。

病徵：本病常因病毒的種類及茶花的品種不同，病徵有不同的表現，主要的病徵有葉面出現黃色或是黃白色大小不一的斑駁，斑駁會擴散到全葉，甚至附近的葉片及枝條，常讓栽培者認為是枝葉的異變，有

③ 山茶花毒素病之病徵

時也會在葉片上形成大小不一的環斑，開花時紅色的花朵會出現白色大小不一的斑點，使花朵呈現紅白相間的斑駁。當業界認為特殊變異而加以保存或是繁殖時，會讓病害顯得特別普遍。透過嫁接的方式可以理解所謂生理上的異變與病毒病害的差異，病毒可以透過嫁接感染砧木，枝條的異變則無感染能力。

發生生態：本病主要透過扦插、接穗等方式進行傳染。特別是有些栽培者以枝條異變的觀點來看待感病的植株而刻意加以保存，保存過程中透過接穗及砧木進行感染。感染病毒的茶花對其生長似乎沒有顯著的影

響，僅是花、葉顏色上的變異。但是感染病毒的茶花觀察上比較容易感染炭疽病或是褐斑病，或者說炭疽病或是褐斑病較容易在有變異的器官上發病。

防治方法：

(1)移除得病的植株。

(2)以無病毒的健康植株作為採穗母樹，可以得到健康的苗木以杜絕病害的擴散。

④

⑤

④ 山茶花毒素病導致葉片白化
⑤ 山茶花毒素病導致葉片褪綠

常見寄主植物：各種茶花品系包含茶梅皆可被感染，但病徵的表現隨寄主的種類不同及寄主生理狀態而有差異。

3. 構樹嵌紋病毒

病原：構樹嵌紋病毒（Common mulberry mosaic virus）田間病葉經由奎藜（*Chenopodium quinoa*）做單斑分離，可分離出一種絲狀病毒，病毒粒子大小約為600-650 nm。病毒熱不活化溫度為70℃，耐稀釋度為10-4，室溫（24℃）下活性可維持4天，冷凍（-80℃）則活性可保存10個月。

病徵：葉片呈現嚴重黃綠嵌紋病徵，病害發生率為42 %。經週年觀察，發現田間病徵會隨季節變化，而有由嚴重至輕微甚至消失之現象。

發生生態：電顯觀察奎藜單斑及黃化嵌紋構樹病組織之切片，可於細胞質中見到病毒粒子成束狀之聚集及細胞胞器之病變。機械接種16科64種供試植物，僅藜科的奎藜、紅藜（*C. amaranticolor*）、綠藜（*C. murale*）及豆科之豇豆（*Vigna unguiculata*）等四種植物會被感染，葉部呈現黃色局部斑點病徵。種子媒介傳播發病率為15.2%。

防治方法：構樹為臺灣常見之常綠喬木，生長迅速，適應力強，目前並無人工栽培。本病在田間觀察目前並未對構樹生長有重大影響，發病嚴重時病徵明顯改變構樹葉片之外觀，故目前並無防治之需求。

⑥ 構樹嵌紋病毒所引起之病徵

參考文獻

王炎（2007）。上海林業病蟲。上海科學技術出版社，479頁。

邱慧琪（2008）。由構樹嵌紋病株分離之一種 carlavirus 特性之研究。屏東科技大
　　學，77頁。

謝煥儒（1986）。臺灣木本植物病害調查報告 (11)。中華林學季刊 19(1)：103-
　　114。

Chen, T. H. and Y. T. Lu. (1995). Partial characterization and ecology of bamboo mosaic
　　potexviurs from bmboos in Taiwan. *Plant Pathol. Bull.* 4:83-90.

Lin, N. S., Y. R. Jair, T. Y. chang and Y. H. Hsu. (1993). Incidence of bamboo mosaic
　　potexvirus in Taiwan. *Plant Dis.* 77:448-450.

CHAPTER 10

植物菌質體及其引起之病害

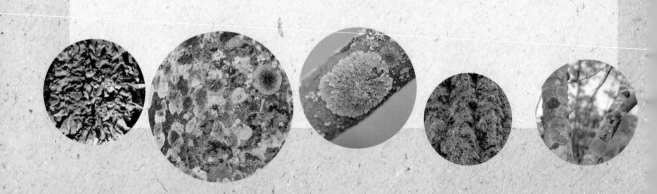

　　於1967年以前，有許多病害始終不知其病因為何？依據其病徵以及可經由嫁接和昆蟲媒介來傳播等，其表現類似於病毒引起的病害，而常將其認為是黃化型的病毒病害，但一直無法在罹病植物體發現有病毒的存在。1967年日人土居等（Dio, et al. 1967）發現在桑萎縮病、泡桐簇葉病及翠菊黃萎病等之罹病株的篩管中發現了擬菌質體（Mycoplasma- like organism，簡稱MLO，舊稱PPLO）。從此以後，許多原被歸於病毒病害或原因不明之病害都發現與擬菌質（MLO）有關。近年來學者將植物上之擬菌質稱為植物菌質體（Phytoplasma）。

一、植物菌質體之一般性狀

　　菌質體之個體微小，一般較病毒稍大而較細菌小，大小在80-1000nm之間，一般常在300-500nm之間。它沒有細胞壁，僅有細胞膜，因此它缺乏一定的形態，通常呈圓形、橢圓形、長形或不規則形，有些則呈螺旋形。其體內無細胞核，故為prokaryote，其DNA呈雙鍵散布於細胞內，RNA大部分皆在類似於核糖體之顆粒，只有少部分為可溶性，可行人工培養者，大多為寄生於動物或腐生者，寄生於植物者僅少數被培養成功，但皆為spiroplasma。

　　植物菌質體之一重要特徵即為對四環黴素（Tetracycline）敏感，而可以抵抗盤尼西林（青黴素Penicillin）。

二、植物菌質體之感染及生態

　　植物菌質體寄生在植物韌皮部的篩管和管胞細胞內，偶爾也可在韌皮部的薄壁細胞中發現。

　　植物菌質體目前所知，其僅可經由媒介昆蟲或菟絲子以嫁接等方式之傳播而進入寄主體內。植物菌質體被媒介昆蟲吸食後，通常可在蟲體內繁殖，再進入唾液腺細胞內，當昆蟲再攝食時，即可經由唾液而進入植物體內，植物菌質體引起的病害在熱帶地區比溫帶及寒帶地區多，可能也是由於熱帶地區昆蟲較為活躍之故。

三、植物菌質體引起之病徵及診斷

　　植物菌質體引起的植物病害，其病徵大多為黃化、簇葉以及萎縮、花器葉化、畸形等現象。

　　植物菌質引起之病害，一般由病徵診斷外，也常使用電子顯微鏡來觀察細胞中之植物菌質個體以確認之。近年來植物病理學界也發展血清學以及螢光顯微鏡之診斷法。

四、防治法

　　防治植物菌質體病害常從消滅植物菌質體之媒介昆蟲著手，但在熱帶地區媒介昆蟲繁殖力強而迅速，又缺乏越冬期，感染源又多，因此效果常不很好。故應採取多種措施，如栽植耐病品種，改變耕作時期及環境，並配合溫度處理及化學處理等，方能達到較好之防治效果。

五、臺灣發生之林木植物菌質體病害

1. 泡桐簇葉病（Paulownia witches'-broom）

病原：植物菌質體（Phytoplasma）。

本病原需用電子顯微鏡才能觀察，屬於專性寄生細菌，存在植物體韌皮部之篩管及伴細胞，缺乏細胞壁，大多是球形，大小約260-380×360-1340 nm。

① 泡桐簇葉病

病徵： 病徵非常明顯，受感染植株生長停滯，黃化，矮化，細枝葉叢生化，嚴重時造成部分枝條或全株植物枯死。

發生生態： 本病原在林地由昆蟲傳播。或由帶病原的根苗傳播，因植物菌質體常大量在根部聚集，且在臺灣之泡桐多以無性繁殖根苗推廣造林，使得帶病根苗散播各地。

防治方法： 本病發生後，臺灣泡桐產業遭受嚴重摧毀，除了帶病之苗木往非發病區移動種植外，各種推薦防治方式的效果不彰也是重要的因素。中國大陸地區的林農似乎也感受到泡桐簇葉病的威力，一旦泡桐純林建造後，簇葉病即開始傳染發生。故目前為止泡桐簇葉病仍是泡桐產業最大的難題，以下的防治方法僅供參考。

1. 種植健康之泡桐苗木，同時屬行田間衛生，砍除染病之泡桐。

2. 防治其媒介昆蟲。

3. 使用四環黴素點滴灌注泡桐以抑制病害。

4. 選育抗／耐病的泡桐品系。

② 泡桐簇葉病之病徵
③ 泡桐簇葉病

2. 桉樹小葉病（Little-leaf of Eucalyptus）

病原： 植物菌質體（Phytoplasma）。本病原是缺乏細胞壁之專性寄生細菌，需用電子顯微鏡觀察，球形至不定形，大小包括60-70nm之小型個體，70-250nm之中型個體到超過600nm之大型個體。其僅分布在韌皮部之篩管與伴細胞。

病徵：菌株矮化、小枝條分枝增多，葉變小，葉色變爲淺綠、葉片數目增加，呈現輕微之簇葉狀。簇生之枝條經一段時間後會褐化死亡造成枝枯。造林地內之桉樹小葉病病徵包括植株矮化，常僅及正常桉樹之一半或更少，節間變短、葉形變小，通常呈線形至披針形，長度在1至2公分以下，一般僅及正常葉片數十分之一，葉片變薄顏色呈淺綠，發病嚴重者節間極短，側芽叢生而形成掃帚狀，數月間枝條褐化而死亡，由於病徵在接近頂芽處特別嚴重，因此往往造成罹病植物之上半部僅剩枯枝殘存，而下半部尚有近乎正常葉片。嚴重者發病率超過10%。

發生生態：本病原應爲媒介昆蟲傳播，但仍未証實何種媒介昆蟲。

防治方法：參考泡桐簇葉病。

常見寄主植物：檸檬桉、細葉桉、玫瑰桉、藍桉。

④ 桉樹小葉病
⑤ 桉樹小葉病

參考文獻

王維洋、王涼綢（1989）。三種光學顯微鏡技術診斷泡桐簇葉病之比較。林試所研究報告季刊，4(1)：23-30。

王維洋（1992）。臺灣桉樹病害調查報告。林試所研究報告季刊，7(2)：179-194。

張玉珍、蘇鴻基、吳瑞銓（1979）。臺灣泡桐簇葉病的初步研究。中美作物菌質研究論文集。

黃潔華、應之璘（1975）。臺灣泡桐萎縮病的防治。豐年 25(15)：18-19。

蘇鴻基、蔡麗杏（1983）。泡桐屬對簇葉病之抗病性研究。中華林學季刊，16(2)：187-203。

CHAPTER 11

細菌及其引起之病害

一、細菌一般性狀及生長

　　細菌是單細胞生物，大小在1-3um左右，其形態分作球形、桿狀及螺旋狀。植物寄生性細菌都是呈短桿狀，大小一般在1-2×0.5um。

　　細胞的細胞有固定之細胞壁及細胞膜，但沒有真正的細胞核，而為原核生物（prokaryotes）。細菌大多為異營生活（heterotrophic），少數細菌含有細菌葉綠素等色素，可行光合作用，營自營生活。

　　細菌細胞以一分為二方式進行繁殖，有時可產生內生孢子（endospore），但植物病原細菌不產生內生孢子。植物病原細菌絕大部分為好氣性（aerobic）。其對溫度的要求較真菌高，最適溫一般約在27℃左右。細菌一般偏好鹼性或中性

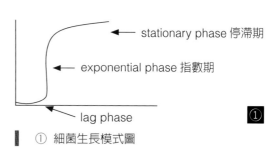

① 細菌生長模式圖

環境，同時要有適當之水分，當環境條件適宜下，一般細菌可在20分鐘內分裂繁殖，故理論上一個細菌在8小時後可繁殖而成16,777,216個個體，亦即其生長係呈幾何級數的增加，然而實際之生長並非如此，而如下圖之生長模式。

二、細菌之感染及生態

　　大多數病原細菌都可以從傷口侵入寄主，有些還可以從氣孔、水孔、皮孔等自然孔口侵入植物。細菌常被動地降落在侵染點上或者當有水膜存在時，靠本身的游動進入侵染點。從侵入到發病大多只需要幾天時間，因此，一個生長季節中，往往可以有很多次再感染的機會。

　　細菌在自然條件下，其傳播方式和真菌不同，由於細菌不產生孢子，故風在傳播細菌方面並不重要。細菌的傳播主要依靠雨滴的飛濺作用，做傳播的距離一般不遠。由於侵入和傳播都有賴於雨露的存在，所以細菌病害的發生與猖獗往往與一年中雨量分布有密切的關係，帶有強風的雨，如颱風等，有助於病原侵入及病害之蔓延。

帶菌的種苗是植物細菌病害傳染的重要來源。種子帶菌易引起幼苗的感染，然後傳給成株或其他健株。在木本植物上細菌可以在受害苗木的枝幹內越冬，引起下一年的感染。植物病死後的殘體也是感染來源之一。

　　有些細菌病原之主要傳播方式係由昆蟲作媒介，而將病原細菌由病株傳至健株，如梨火傷病（*Erwinia amylovora*）。

三、細菌病害之病徵和診斷

　　植物細菌病害引起之主要病徵有斑點、潰瘍、腫瘤、腐敗及萎凋。

　　植物細菌性病害的病徵具有若干共同的特點，如罹病組織呈水浸狀、病斑透光，以及在潮溼的條件下，從罹病部分的傷口、氣孔、皮孔等向外溢出細菌黏液。這些特徵在診斷上有相當大的幫助，尤其是細菌感染植物後，在受害部分的薄壁細胞或維管束組織中有大量細菌存在，所以切取小塊組織放在水中於顯微鏡下檢查，便可見到有細菌從組織中溢出。細菌性維管束萎凋病，可以罹病枝條或切下，浸到水中，過一段時間即可見到白色的細菌從切口中溢出。

四、臺灣發生之重要細菌性病害

1. 細菌性癌腫病（Crown gall）

病原： 癌腫細菌（*Agrobacterium tumefaciens*）

　　病原細菌為革蘭氏陰性，具有1-6根周生鞭毛，菌體是短桿狀，好氣性。在馬鈴薯葡萄糖瓊脂培養基（Potato dextrose agar, PDA）上的菌落為不透明白色、圓形、邊緣平整，表面黏溼具光澤。

病徵： 本病最大的特徵就是在寄主上產生球狀的瘤腫物，腫瘤主要發生在根冠、樹幹或枝條，有時也發生在主根或側根。發病部位開始先出現淡褐色圓形小瘤，然後小瘤會隨著時間加大，顏色也會加深，形成不規則塊狀腫瘤。腫瘤上通常會再長出許多小瘤，表面粗糙堅硬。受害嚴重的植株，生長緩慢，常伴有枝枯現象，甚至枯死，尤其對苗木或

幼樹影響頗大。有些生理上的根瘤或是幹瘤可以藉由簡單的紅蘿蔔切片來做區分，細菌性的癌腫病引起的腫瘤其汁液塗在紅蘿蔔切片上，保持潮溼的條件下約7天左右可以產生腫瘤物，生理性的根瘤或是幹瘤則無法讓紅蘿蔔切片產生腫瘤。

發生生態：癌腫細菌可在瘤內或罹病植物的殘體中存活數年，也可在土壤中存活一年以上，病原細菌藉由灌溉水或雨水傳播，也可由條剪、嫁接、農具接觸或地下害蟲咬食植株而傳播。遠距離的傳播則多由引入帶菌苗木或枝條而造成。病原細菌由傷口侵入感染，故避免造成傷口是防止病害發生的重要措施。

防治方法：

(1)隨時檢視苗圃幼樹，發現病株時，要立即清除燒毀，土壤進行燻蒸消毒以杜絕感染源，做好苗圃衛生工作。

(2)罹病苗圃消毒後最好與禾本科作物如玉米、高粱輪作數年，才可恢復種植苗木。

(3)田間操作要盡量避免在苗木上造成傷口，並及時防治地下害蟲，預病菌之傳播。

(4)修剪用的工具及刀具，應該進行消毒後再行使用以避免傳染到健康樹木。

常見寄主植物：癌腫細菌的寄主範圍相當廣泛，受害的植物種類超過一千

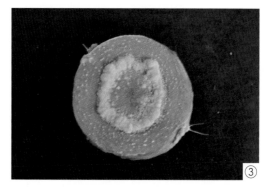

② 榕樹根基不產生之細菌性腫瘤
③ 細菌性癌腫病的腫瘤汁液可以讓紅蘿蔔切片產生腫瘤

多種。主要為害雙子葉植物，但少數單子葉植物和裸子植物亦有被感染的記錄，且經常有新的受害寄主被發現。其中較具經濟重要性的寄主有蘋果、梨、桃、李、杏等核果類植物，葡萄和柑橘等果樹類，玫瑰、菊花、榕樹、垂柳和杜鵑等觀賞植物，以及桉樹、朴樹、樺木、白楊和松樹等造林樹種。

2. **桉樹青枯病**（Bacterial wilt of Eucalyptus）
    病原：青枯假單胞桿菌（*Ralstonia solanacearum* (Smith) Smith）
    病徵：感病之桉樹發病初期呈現萎凋狀，植株葉片顏色轉成淡綠色，下部枝條下垂，頂芽部分逐漸褐化死亡，死亡之樹枝逐漸向下蔓延，全株於一至二週內枯死，枯死之植株並不落葉，此為青枯病特徵之一。樹皮剝開後，內部形成層及維管束組織褐化變色，感病植株之枝條橫斷面可見到細菌滲流物（bacterial ooze）自導管部分滲出，呈淡黃色至白色黏液狀。
    發生生態：本病菌屬土壤傳播性細菌，可經由存活土壤中之菌體或灌溉水傳播，喜發生於高溫，主要為害一年至四年生的桉樹。
    防治方法：種植抗病品系的樹種。
    寄主植物：玫瑰桉、尾葉桉、赤桉、雪梨藍桉較感病。

3. **櫻花細菌性穿孔病**（Bacterial shot hole of cheery）
    病原：*Xanthomonas campestris* pv. *pruni*（Smith）Dowson。
    桿狀細菌，頂生單一鞭毛，大小0.8-1.7×0.2-0.8μm，有莢膜，革蘭氏陰性，好氣，非抗酸性，培養基上呈黃色菌落。
    病徵：病菌主要侵害葉片，也能為害新梢及果實。感染細菌的病葉初為水浸狀小斑，擴大後為圓形、多角形或不規則斑點，紫色至黑褐色，直徑2mm左右，病斑周圍呈水浸狀，並沒有黃綠色暈環。以後病斑乾枯，邊緣發生一圈裂紋，容易脫落，形成穿孔，或僅有一小部分與葉片相連。病斑多發生在葉脈兩側和邊緣附近，有時可融合形成大斑塊。枝梢感病初為油浸狀稍隆起小斑，後期擴大而稍凹陷。

發生生態： 本病除了櫻花外，還可以感染桃、李、梅等植物。病害一般在4月開始發生，溫暖多雨的氣候，有利於發病，大風和重露，能促進病害的盛發，樹勢衰弱和排水通風不良的園子內，發病較爲嚴重。病原菌發育最適溫度爲24-28℃。細菌性穿孔的病原菌主要在枝條組織內越冬，開花前後，病菌從組織中溢出，借風雨傳播。

防治方法：

(1)保持樹勢旺盛：因衰弱樹發病較嚴重，故利用各種栽培方法保持旺盛樹勢可減少發病。

(2)在休眠期間修除發病枝條並燒毀之。

(3)使用健康無帶病之苗木。

(4)噴藥防法：一般藥劑防法效果並不好，但據報告使用鋅石灰硫磺合劑或抗生素有相當好的防法效果。

常見寄主植物： 山櫻花、霧社櫻花、桃、梅、杏、李等。

④ 櫻花細菌性穿孔病病徵
⑤ 櫻花細菌性穿孔病病徵

4. 九重葛細菌性葉斑病（Bacterial leaf spot of bougainvillea）

病原： *Burkholderia andropogonis* Smith。

病原細菌爲革蘭氏陰性，單極生鞭毛，菌體呈桿狀。在營養瓊脂培養基（Nutrient agar, NA）上形成白色圓形的菌落，外表光滑平整。培養初期菌落柔軟，後轉爲黏質狀較不易挑出，有些菌落邊緣會變不規則

狀，但不具暈環。

病徵： 本病主要危害葉片。一般在葉片會出現水浸狀，灰白色或灰褐色
　　　小點，病斑會逐漸擴大成圓形、橢圓形或不規則形黃褐斑，中央灰白
　　　色，外圍有黃暈，病斑多時會癒合在一起，致使葉片扭曲變形，受感
　　　染的葉子容易脫落，嚴重感染時會導致植株大量落葉。

發生生態： 病原細菌喜愛溫暖潮溼的環境，降雨頻繁或使用噴灌的苗圃，

⑥ 九重葛細菌性斑點病
⑦ 九重葛細菌性斑點病之病徵

病害較易發生。病原細菌可存活在雜草、落葉或種子上，藉由雨水飛濺傳播。長距離的傳播則由帶菌苗木或種子，經人為的攜帶而引入未發病的地區。

防治方法：

(1)選用非發病地區的健康苗木。。

(2)發病的苗圃要注意田間衛生，清除罹病落葉集中燒毀，並避免使用噴灌。

(3)選用銅劑或有機銅劑如「銅快得寧」或「嘉賜銅」等藥劑，於發病初期開始施藥保護。

常見寄主植物： 本菌具多犯性，寄主廣泛可區分為三大類：一、禾本科類，如高粱或玉米；二、豆科類，如苜蓿或野豌豆；三、觀賞植物類，如九重葛、康乃馨或鬱金香等。

5. 柑橘黃龍病

病原： A fastidious phioem-limitedG(一)bacterium暫時命名為 *Libaerobacter asiaticum*

病徵： 病徵隨著柑橘品種而有差異，一般為葉脈及相鄰組織黃化，隨著全葉變黃或萎黃，有時葉脈木栓化。嗣因病葉變硬而向外彎曲、落葉、落葉後長出細長幼葉呈缺鋅症狀、梢枯、樹株矮化、樹勢衰弱。

發生生態： 帶病柑苗為主要之傳染源。柑橘木蝨

⑧ 柑橘黃龍病整株之病徵
⑨ 柑橘黃龍病葉片之病徵

（*Diaphorina citri* Kuwayama）為本病的傳染媒介昆蟲。

防治方法：

1.田間衛生：於定植無病苗前，掘除田間病株及中間寄主。在未曾種過柑橘之無病原地區，新種無病苗亦是一良策。

2.防治媒介昆蟲：在萌芽期施用適當殺蟲劑以驅除柑橘木蝨，以防止健株再受感染。

常見寄主植物：柑、橙及柚類皆為本病之寄主。

參考文獻

王維洋（1992）。臺灣桉樹病害調查報告。林試所研究報告季刊 7(2)：179-194。

孫守恭（1992）。臺灣果樹病害。四維出版社，550 頁。

徐世典、張瑞璋、曾國欽、梁榮光（1991）。臺灣發生之玉米細菌性條斑病。植保會刊，33:376-383。

許秀惠、林俊義、陳福旗（1997）。榕樹細菌性癌腫病菌（*Agrobacterium tumefaciens*）在臺灣之發生。植保會刊，39：195-205。

黃秋雄（1979）。臺灣柑桔立枯病之發生、病源與防治。科學農業，27：157-159。

曾經州編，高清文、郭克忠著。植物疫情與策略。行政院農委會動植物防檢局。

蘇鴻基（1970）。柑桔立枯病複合病因之進一步研究。植保會刊，12：190（摘要）

蘇鴻基（2000）。柑橘黃龍病與防疫策略。p. 67-74。

Hayward, A. C. (1983). Pseudomonas: The non-fluorescent pseudomonads. Pages 107-140 in P. C. Fahy, and G. J. Persley, eds. Plant bacterial disease, a diagnostic guide. Academic Press, Australia.

Kerr, A. and P. G. Brisbane. (1983). Agrobacterium. Pages 27-43 in: P. C. Fahy, and G. J. Persley, eds. Plant bacterial diseases, a diagnostic guide, Academic Press, Australia.

CHAPTER 12

真菌引起之病害

眞菌是引起樹木病害最常見的病原，眞菌可以感染樹木任何組織，包含根、莖、葉、花、果實及種子，引起樹木輕微至嚴重的病害。雖然大部分生長在樹木木材中的木材腐朽眞菌，不會引起樹木病害，但其分解腐敗木材組織導致木材物理化學性狀劣化，降低經濟林木材的利用價值，及導致行道樹容易倒伏，有公共安全之風險。

在樹木周邊的眞菌除了引起樹木生病外，還有另一群眞菌與樹木共生，他們的共生有助於樹木的健康，存在於地上部的共生眞菌稱爲內寄生眞菌，而與根部共生的眞菌則以菌根菌爲主。共生眞菌的存在有益於樹木的生長，及提升抵抗外在的不利環境與有害生物。

一、真菌之一般性狀

眞菌爲多細胞眞核生物，長絲狀的菌絲爲其基本個體，菌絲的寬度約數微米至十多微米，但也有例外，如酵母菌類產生單細胞的個體。只要養分和環境條件適合，這些菌絲便能綿延不斷生長。眞菌的生活史沒有世代交替現象，其有性與無性世代的呈現明顯受營養與環境因子影響，有性與無性世代都可產生孢子繁衍後代。眞菌沒有葉綠素，無法產生有機性養分，行異營性生活。

二、真菌的感染及生態

大多數病原菌都可以從傷口侵入寄主，有些也可從植物植體上的自然孔口侵入，如氣孔、水孔、皮孔等。具病原性的木材腐朽菌常先侵入棲息在木材組織，然後再危害樹木的樹皮活組織引起病害。從侵入到發病的時間與危害的組織有相關性，一般而言，危害枝葉所需時間較短，危害根莖老熟組織所需時間較長。不同眞菌孢子與繁殖體的型態與性狀有很大的差異，因此其傳播方式也不同，可以依靠風、水或雨滴的濺洒而傳播。

帶菌的種苗是植物眞菌病害傳染的重要來源。種子帶菌易引起幼苗病害。樹木病死後的殘體也是感染來源之一，尤其根腐病殘留在林地的殘根是最難根除。

　　有些真菌病原之重要傳播方式係由昆蟲作媒介，如荷蘭榆樹病（Dutch elm disease）。由於植物病原真菌的種類繁多，其引起之病徵及診斷有很大的歧異性，總論的部分已有詳細的陳述，因此不再贅述。

三、常見之真菌病害

1. 林木幼苗猝倒病（Seedling damping-off）

　病原：依據國內外之文獻，能引起幼苗猝倒病之真菌有數十種之多，在臺灣最為常見且重要的依序為腐黴病菌類（*Pythium* spp.）、立枯絲核菌（*Rhizoctonia solani* Kuhn）、鐮刀菌類（*Fusarium* spp.）、以及疫病菌類（Phytophthora spp.）等菌類。

　病徵：幼苗猝倒病自種子發芽至苗稍大而尚未完全木質化時，均能發生。依其發生時期又可分為萌前猝倒及萌後猝倒。萌前猝倒係指種子發芽後芽尚未出土即遭病原菌感染而枯萎，致使看不到種子發芽。萌後猝倒係指種子發芽後，遭受病原菌感染而出現猝倒病徵。一般播種苗床若發生萌後猝倒不加以妥適處理者，由於病原菌土壤族群的累積，致使日後萌前猝倒的比率增加。病原真菌通常棲息於土壤中，生活在死的有機物上，或以休眠孢子之形態在土壤中存活。當和寄主幼苗接觸時，即侵害寄主之幼嫩組織，使幼苗腐敗或倒伏死亡。被害幼苗倒伏後，常整株腐敗而消失於土面上。

　發生生態：幼苗猝倒病之發生與環境因子之關係非常密切。溼度為影響幼苗猝倒病之重要因子，一般土壤或空氣之溼度越大，病害發生越嚴重。以臺灣之氣候條件看來，雨量多而溼度高，對於幼苗猝倒病之發生最為有利，所以在一般之苗圃中，猝倒病之發生都是在育苗時必須面對的一個問題。土壤之pH值如在7以上，猝倒病發生較多。pH值在5或5以下時，發生較少。也就是土壤酸鹼值在接近中性或微鹼性時，幼苗猝倒病發生較為嚴重；反之在酸性土壤發病較輕微。如果苗圃之土壤為黏重而含多量有機質之土壤時，猝倒病較容易發生。苗圃之通風

及排水不良，遮陰過度或常施用石灰、草火灰及未腐熟之有機肥等，也都有利於猝倒病之發生，宜加以注意。播種期選擇不當、播種過密或過深等，也容易促進本病之發生。

防治方法：由於能引起幼苗猝倒病之菌類很多，不同菌類對環境因子與發病關係及殺菌劑等之反應皆有差異，加上不同樹種亦有不同之反應，因此欲求一適當方法，能適合於所有場合，自然不可能。因此要想獲得良好之防法效果，須依樹種、病原菌種類以及環境之不同而加以選擇，在此僅敘述一般之防治原則。

(1)慎選苗圃地。選擇土質疏鬆、空氣流通以及排水良好之處作為設置苗床之地，以減少病害之發生。

(2)改善苗圃管理。諸如：改善苗圃通風及排水設施，在苗床上覆蓋薄層不含木灰的砂或炭屑以幫助表面乾燥，注意遮陰的程度勿超過一半以上，調節播種的密度及深度，避免施用未腐熟之廄肥或過多之氮肥，避免苗床連作等，皆有助於減少病害之發生。

(3)土壤中施用酸化劑。如硫酸鋁或硫酸亞鐵每平方公尺200～300公克，加水4公升溶解後灌注之，使土壤之pH值降低，可減少猝倒病的發生。但也要注意不可施用過多，以避免土壤過度酸化，而致影響植物之生長。同時有些樹種在酸性土壤中生長不佳，此點宜加注意。

(4)種子消毒。種子以藥劑作消毒處理，亦可得到相當之防治效果，尤其是對出土前猝倒病有效。以往係使用益樂汞（Granosan M）等有機汞劑作種子消毒處理，但因汞劑對人畜之毒性大，且在土壤中之殘留期長，有汙染環境之危險，故現今世界各種皆已禁用。之前世界各國常用之種子消毒劑有得恩地（Thiram）、蓋普丹（Captan）等，在國內，根據謝煥儒老師之經驗四氯丹（Difolatan）也是相當好之林木種子消毒劑。但這些藥劑目前大多因會影響人體健康，而遭世界各國禁用。實用上可以參考植物保護手冊推薦於水稻稻種消毒之推薦藥劑，例如免賴得（Benomyl）、腐絕（Thiabendazole）

等依照樹木及病原菌種類加以延伸應用。

(5)利用土壤燻蒸劑作土壤消毒。使用燻蒸劑做土壤燻蒸處理，也是一個有效而常用之防治幼苗猝倒病發生的方法。常用的土壤燻蒸劑有斯美地（Vapam）、氯化苦（Chloropicrin）、溴化甲烷（Methyl bromide）、必速滅（Basamid）等，這些藥劑不但可殺菌，還兼具有殺線蟲、殺昆蟲及殺草等效果，但是其中的氯化苦（Chloropicrin）、溴化甲烷（Methyl bromide）因毒性及殘留問題，已遭限制使用或禁用。行政院農業委員會農藥毒物試驗所編印之《植物保護手冊》101年版中，所推薦之杉木幼苗猝倒病防治法，係使用斯美地作土壤燻蒸消毒，其方法為：「播種前12天，床面以直徑1～2公分之鐵條，以每33公分間隔，開掘15公分深之土穴，每平方公尺，再均勻灌注斯美地原液30公撮稀釋水100倍，並行封穴。（或原液加水100倍稀釋液於床面上開溝，噴灑於當中，隨即覆土床面）施藥後，隨即灑水6公升左右溼潤表土，以防藥效散失，如氣候乾燥，每天須灌灑適當水分，或覆蓋潮溼之報紙或草袋，保時土壤溼潤至6天為止（播種蓋土後之床面覆蓋物，以剪短4公分之稻草為佳，或不加覆蓋物）。」此法亦可用於其他樹種之幼苗猝倒病之防治。

(6)以殺菌劑之稀釋液澆淋於苗床土壤。此方法可用以預防幼苗猝倒病發生，或是澆淋於苗床上之發病跡地，以防止病害擴散，也是常用之防治法，尤其常用於病發後之緊急處理。但因引起猝倒病之病原菌種類很多，而每一種殺菌劑之應用範圍有限，故有時應用此法，所得之效果可能不盡如人意。最好能夠先確知係哪一種病原菌引起，再對症下藥方能得到比較好的防治效果。一般參考植物保護手冊推薦水稻育苗箱秧苗立枯病用藥或其他相關病害用藥加以防治，常用之防治藥劑有殺紋寧（Tachigaren）、地特菌（Terrazole）等。

① 育苗箱發生雲杉猝倒病所引起的缺株（左
　為發病育苗箱；右為正常育苗箱）
② 幼苗猝倒病菌感染雲杉幼苗基部（基部
　褐化縊縮箭頭所指處）
③ 雲杉幼苗遭受猝倒病感染嚴重倒伏枯萎

2. 白絹病（Southern rot of tree seedlings）

病徵： 本病從根或莖之地際部侵入，而後造成被害部位之組織腐敗壞死，
同時病原菌在被害組織表面及附近土面長出成片之白色絹狀之菌絲覆
蓋其上，同時菌絲也會長至隔鄰之苗木而形成新的感染，隨後在其上
出現白色圓球形的菌核，菌核逐漸變為褐色。在病勢發生及蔓延之同
時，被害苗逐漸呈現凋萎黃化，終至葉片乾燥捲曲而整株死亡。本病
有時也可感染苗木之葉片或枝條等地上部位，其病徵雖有差異，但均
會生長典型之菌核。

病原： *Athelia rolfsii*（Curzi）Tu et Kimbr.（*Sclerotium rolfsii Sacc.*）。
菌絲體白色，疏鬆或集結成扇形，外觀有如白色絹絲，菌核表生，球
形或近球形，直徑1-3mm，平滑而有光澤。菌核表面組織茶褐色，細
胞形小而不規則；內部組織灰白色，細胞多角形。成熟菌核間無菌絲
相連。

寄主範圍： 本病原之寄主範圍極廣，在臺灣已知之寄主植物即有130種以
上，大多數為農作物或野生之草木植物。在臺灣地區已知被為害的樹
種有紅檜、臺灣扁柏、肖楠、樟樹、杉木、柳杉以及泡桐等。

發病生態： 白絹病主要發生於溫暖潮溼之季節，在臺灣的發生期，主要
在每年5～8月。本病在森林苗圃雖然非每年發生，可說是偶發性的病
害。但因本病之發生與環境因子關係密切，加上白絹病菌之生長快
速，因此一旦環境適合，本病的發生往往造成重大的損失。

防治方法：

(1)挖除罹病株並燒毀之。

(2)發病跡地以殺菌劑作消毒處理。

(3)每年發病之苗圃，在梅雨來臨後要特別注意，一旦發現病害發生，
馬上進行防治處理。

(4)苗圃在種植前，苗床土壤以土壤燻蒸劑斯美地等先作消毒處理。

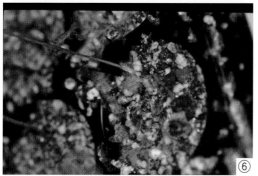

④ 白絹病之菌核
⑤ 桃花心木白絹病
⑥ 樟樹苗白絹病

3. 柳杉赤枯病（Red needle blight of peacock pine）

病徵： 赤枯病普通多自下方接近地面之枝葉開始發病，再逐漸向上蔓延。先在葉片或小枝條上出現淡黃褐色之小圓點，病徵逐漸擴大成褐色至暗褐色，被害針葉枯死，在被害部位表面會有許多小點呈暗濃綠色毛狀的黴出現，此即病原菌之孢子塊。在幼嫩之綠色小枝或莖部的病斑呈長圓形或不規則的暗褐色病斑，被害嚴重時在被害部位以上之枝梢及莖頂端部枯死。在莖部上之病斑，有時會隨著莖部之生長而逐漸擴大，其病斑都會凹陷，皮層破裂而露出木質部，若干年後即會形成造林木主幹上之溝腐病病徵。

病原： *Cercospora sequoiae* Ellis et Everhart。

子座半埋在寄主植物組織中；褐色分生孢子梗叢生於子座上，稍彎曲呈黃褐色，大小約31-88×4-5 μm；分生孢子呈倒棍棒狀，直或稍彎，淡褐色，一般3-5個分隔，少數9-11個分隔，在分隔處有隘縮，表面有微小的刺狀凸起，大小32-79×5-8 μm。

發病生態： 本病主要為害苗木及幼齡造林木，以1-4年生最易罹病。赤枯病是在春季至秋季高溫多溼的季節最為活躍，在臺灣係自3月下旬至4月上旬開始發生，其發生盛期在6-9月間，梅雨期及颱風期最有利於病害之發生及傳播。病原菌通常在罹病組織上以菌絲形態越冬，在第二年春天再長出分生孢子而形成第一次感染。病原菌侵入寄主後形成病斑，當環境適宜時，在病斑上又形成大量分生孢子形成第二次感染源，造成病害大發生。

防治方法：

(1)新設之苗圃或未發病之苗圃，應嚴禁移入罹病苗，以避免感染。

(2)早期發現罹病苗，應立即拔除燒毀之。

(3)在苗圃附近應嚴禁種柳杉作綠籬或採穗用之母樹，以避免成為赤枯病菌之傳染源。

(4)播種苗及換床苗，應自4月上旬起至11月間，每月噴施波爾多液2次，尤以7、8月間，每月應噴施3次。

(5)更換床面，應於春季移植，換床之前，必須嚴格選苗，淘汰病苗及噴施波爾多液。

⑦ 柳杉赤枯病
⑧ 柳杉赤枯病

4. 玫瑰黑斑病（black spot of rose）

病徵： 主要侵害是葉子，但是嫩莖、花托、花瓣有時亦會受到侵害。最初
葉表面出現紫色帶黑褐色或紫灰色的小斑點，斑點逐漸變大，然後互
相癒合而占滿整個葉面。病斑的形狀初為圓形或近圓形，隨病勢的進
展而成不規則的形狀。病斑的中央有細小菌絲束以放射狀射出，在末
期病斑尚有細微、些許隆起的小黑點散生於其上，可用肉眼辨識，此
為病原菌之柄子殼。被害的葉子會黃化、脫落。而夏季落葉的被害植
物，當年很難再展開新葉生長、發育，故逐漸枯死的為多。

病原： *Diplocarpon rosae* Wolf.。子囊盤圓形，暗褐色，大小100-300 μm，
於病葉的表面上越冬。子囊圓筒狀，有柄，大小70-80×12-1 8μm。

子囊孢子，無色，矩圓形或橢圓形，雙胞，分隔處有隘縮，大小約20-25×5-6μm。

⑨ 玫瑰黑斑病

發病生態：柄子殼世代在夏季繁殖，菌絲一部分在上皮層發育，一部分更深入葉內部。放射狀之菌絲束，無色或略微著色。黑色柄子殼聚集成疣狀，成熟後殼壁破裂，孢子溢出。孢子為長形透明有隔膜。孢子大18-20×5μm。因風雨飛散傳播至其他健康的植株上。被害葉落至地上為子囊殼世代生存的地方。以此方法越冬、翌年再以子囊孢子侵害新葉。潮溼、高溫等有利於病害之發生。

防治方法：剪除病葉及收集落葉，集中燒毀之。發病期噴施56%倍芬硫醌可溼性粉劑（Dithianon+Carbendazim）1000倍液、18.6%賽福寧乳劑（Triforine）1000倍液、75%快得淨可溼性粉劑（Oxine-copper+Thiophanate）500倍液或18%貝芬寧水懸劑（Triferine+Carbendazim）600倍液中任一種，每隔10天施藥一次，連續三次。

5. 桑果實菌核病（Swollen fruit of Morus）

病徵：本病主要為害桑樹的果實為主。不感染枝條及葉片。受感染的果實不轉色呈成熟的紅色或紫色，保持在白色或灰白色，受感染果實較正常的果實稍微膨大。後期轉黑色形成菌核。菌核掉落土壤越冬，翌年春形成子囊盤產生子囊孢子，再由花的柱頭感染，造成子房空洞，果實腫大。

病原：*Ciboria shiraiana* (*Henn.*) Whetzel。

發病生態：本病原以菌核越冬，低溫多溼的春季，形成子囊盤，釋放子囊孢子，感染正在開花的桑樹。溫度高時子囊盤無法形成，則無法造成感染。

⑩、⑪ 桑果實菌核病之病徵

防治方法：

　　(1)力行田間衛生工作摘除病果，集中燒毀或深埋以降低感染源。

　　(2)本病目前無正式推薦之防治藥劑供使用。每年春天開花期，若遇低

　　　 溫及下春雨時，可參考以50%免賴得可溼性粉劑或50%免克寧可溼

　　　 性粉劑等藥劑輪流噴施防治

6. 紅檜苗根腐病（Scab of Paulownia）

病原：*Pythium splendens* Braun

　　本病原屬卵菌，其不形成游走子囊與游走子。有性世代的卵囊及雄器

　　在所有的分離株並未發現，因此為異宗配合（heterothallic）。鑑定主

　　要是依據該病原菌在10% V-8培養基形成大量的膨大球形菌絲（hyphal

　　swellings），表面平滑，大多是端生，很少中生，大小23-40μm，當

成熟時具有油狀之內容物，無色或暗色。菌絲不具隔膜，最寬處約為 9μm。

病徵： 受害的紅檜苗根部壞疽，腐爛，根部顏色呈暗褐色。因根部部分或完全腐爛，影響根部正常輸導功能，嚴重時地上部呈現萎凋死亡的情形。

發生生態： 本病原菌普遍存在土壤，土壤排水不良或積水的情況下有利於本病菌之感染與發病。

常見寄主植物： 可危害多種的寄主植物，包含烏心石、牛樟、光臘樹等，為重要的苗圃病害。

⑫、⑬ 紅檜苗根腐病

7. 紅豆杉炭疽病（Anthracnose of Taxus mairei）

病徵： 本病為害葉片、葉柄和嫩莖。起初在患處發生褐色至暗褐色的小斑點，其後病斑不斷擴大匯合成片，使整個葉部褐變枯死。為害莖部時，由於被害莖部變褐色腐

⑭ 紅豆杉炭疽病

敗，以致被害處以上之莖部枯死。被害嚴重時，常整株苗木枯死，尤其是扦插苗圃，常因本病而致大量苗木死亡。為害成木時，在葉片或葉柄上形成褐色至暗褐色的斑點，引起葉片提早掉落。

病原： *Colletotrichum gloeosporioides (Penz) Sacc.*。分生孢子盤具剛毛，大小115-155μm。分生孢子，單胞，長橢圓形，有時稍彎曲大小為12.0-17.0×3.5-6.0μm。

寄主植物： 可危害數百種植物，包含多種重要果樹及花卉。

發病生態： 本病對紅豆杉苗木約為害極大，在臺灣的主要發生時期為每年的6-10月間，在多雨潮溼、苗木過密和細弱時容易發生，是紅豆杉重要病害之一。

防治方法： 本病目前無正式推廣之防治方法。可參考以下措施以防治本病。

(1)厲行田間衛生工作，切除發病枝葉，並連同落葉、斷枝集中燒毀。

(2)避免苗木過度密植、保持通風以降低相對溼度可以減低本病的發生率。

(3)參考果樹炭疽病用藥加以防治之。例如待克利、腐絕快得寧等加以防治之。

8. 牛樟苗黑腐病（Black rot of *Cinnamomum kanehirae* seedlings）

病原菌： *Calonectria crotalariae* (Loos) Bell & Sob.（無性世代：
Cylindrocladium iliciola (Hawley) Boedijn & Reitsma）

病原菌屬子囊菌，子囊果單生或群生，生於病組織之表面。子囊果橘紅色至深紅色，在3% KOH變成鮮紅色，球形至卵形，大小為330-420×340-510μm。具有單囊壁的（unitunicate）子囊，大小75-140×13-21μm，子囊孢子1至3個隔膜，大小20-60×4.5-8.4μm，平均為44×6.5μm，紡綞形兩端圓純、微彎曲，隔膜處微隘縮，透明平滑。分生孢子柄起源於氣生菌絲或沒生菌絲，在分生孢子柄之頂端有青黴狀（penicillate）之分枝。分生孢子圓柱形，透明平滑，大小44.8-70×5.6-8.4μm，具有0-3隔膜。厚膜孢子2-10個成串，球形，直徑大小6-15μm，壁淡黃色。頂端泡囊（vesicles），寬卵形至球形大小7-13μm。

病徵： 本病原可為害牛樟和臺灣檫樹苗之地上部與地下部。葉部之病徵，初期為小黑褐斑，最後小病斑擴大及相互癒合導致全葉黑化而落葉。或而葉柄先感染造成葉基壞疽而落葉。種子苗的莖部可從頂端黑褐化，也可由地際部之感染而往上蔓延莖葉及往下為害到根部。在高溼度的情況下，受害的組織可發現無性孢子及有性之子囊果與子囊孢子。

發生生態： 本病害喜發生於高溼的氣候環境，尤其在溫室扦插苗高溼的微氣候環境。在高溼的環境下病組織上可形成大量的分生孢子及子囊孢子，經由空氣及濺水傳播。存在土壤及介質之病原也可在高溼之環境下發芽感染。

防治方法：

1.使用乾淨之土壤與介質培育扦插苗及種子苗。

2.供扦插之採穗園於採穗前1-2個月，每隔7-10日施用系統性殺菌劑如免賴得3次後再行採穗。

3.發病之種苗可施用殺菌劑，如免賴得。

常見寄主植物： 牛樟、臺灣檫樹。

⑮ 牛樟黑腐病在扦插苗圃發生情形
⑯ 牛樟扦插苗黑腐病之病徵

9. 桃花心木莖潰瘍病（Nectria canker of Mahogany）

病原：*Nectria swieteniae-mahoganii* Chen。本病原屬子囊菌，其子囊殼淡黃紅色，球形至次球形，大小288-530×270-510 μm。子囊棍棒狀或圓柱形，大小72-80×5.3-9.6 μm。子囊孢子棍棒狀或長卵形，1-2個細胞，中間隔膜隘縮，無色至淡色，大小11-15×5-6 μm。

病徵：受害組織包括樹幹、枝條及根部的表皮。感染之組織變成壞疽、潰瘍，表皮剝落，有些則形成增生組織，樹勢生長衰弱。

發生生態：仍不清楚，可能以子囊孢子為初次感染源，且需傷口才能感染。

防治方法：目前沒有正式的推薦方式防治本病。

防治上建議：

(1)避免傷口產生：造林地的
經營管理上應避免傷口產
生，以降低感染機會。

(2)厲行田間衛生工作：造林
地初發現本病時應厲行田
間衛生工作，移除發病樹
木集中燒毀，以避免感染
擴大。

(3)病原菌對億力、貝芬替及
待克力等藥劑相當敏感，
在進行田間衛生工作時可
以配合這些藥劑的施用，
以增加防治的效果。

⑰ 桃花心木莖潰瘍病之病徵

10. 闊葉樹輪斑病（Zonate leaf spot of hardwoods）

病徵： 本病主要為害葉片。被害初期在葉片上出現細小的褐色水浸狀斑
點，隨後迅速擴大成為略呈圓形或不規則形的病斑，呈灰褐色或灰白
色，乃至灰綠色，病斑常呈現顏色深淺不同之同心輪之輪紋狀，故本
病被稱為輪斑病。有時輪紋並不清楚，而呈現較淺的灰褐色或灰白
色，故本病又稱為灰斑病。在氣候條件適合下，病斑蔓延訊速，在3-5
天內，便可擴展至整個葉片。被害葉容易掉落，因此發病時，常可見
到樹下落葉滿地。溼度高時，在病斑上常可見到許多灰白色一根根直
立的毛狀物，此即病原菌之分生孢子梗。有時在被害部位表面有白色
菌絲團形成，病逐漸發展而形成黑色的菌核。

病原： *Criestulariella moricola* Redhead（= *Sclerotium cinnamomi*
Sawada）。在病斑上生出孢子束，孢子束最初為針頭狀小芽體然後伸
長為節狀，尖端分叉最後形成尖塔狀的孢子束，大小約450-600×110-

140 μm。孢子束上又長出許多疣狀小突起，小突起上再生小柄，其上生有小孢子。小孢子圓形，無色大小2-3 μm。小孢子不發芽。在病斑上沿葉脈，產生菌核，初白色後轉黑色小顆粒，大小2-5mm。菌核經低溫休眠，生出形如漏斗狀的子囊盤，其上著生子囊，子囊長細圓筒狀，大小133-150×6-8 μm。子囊孢子，無色，橢圓形，大小10-12×4-5μm，側絲細長大小128-190×4.4 μm。

寄主植物： 樟樹、楓香、山黃麻、牛乳榕、羊蹄甲等多種闊葉樹及印度棗；葡萄等果樹。

發病生態： 本病之病原為一寄主範圍廣泛之病原菌，在臺灣有數十種以上之寄主植物，包括闊葉樹及一些草本植物。病原菌偏好低溫、高溼及日照少的環境。所以本病主要發生在比較潮溼的山區，發生時期主要在冬季及春季。

防治方法： 發現有少數病葉時，即應摘除燒毀之。病害發生時，噴施50%免賴得可溼性粉劑（Benomyl）1500-3000倍液，每週施藥一次，直到病害完全抑制為止。

⑱ 闊葉樹輪斑病
⑲ 闊葉樹輪斑病之病徵

⑳ 樟樹輪斑病之病徵
㉑ 輪斑病發生時常使樹葉掉落滿地
㉒ 槭樹之輪斑病
㉓ 闊葉樹輪斑病之病徵
㉔ 病斑上產生孢子束
㉕ 山黃麻輪斑病之分生孢子束在解剖顯微鏡下的形態

11. 樟樹炭疽病（Anthracnose of camphor tree）

病徵： 危害葉片、側枝和果實。在枝條上主要表現為枯梢；幼莖上的病斑呈圓形或橢圓形，大小不一，初為紫褐色，漸變黑褐色，病部下陷，以後互相融合，枝條變黑枯死。重病株上的病斑沿主幹向下蔓延，最後整株死亡；葉片、果實上的病斑圓形，融合後成不規則形，暗褐色至黑色。嫩葉往往皺縮變形。遇到潮溼天氣，在葉片、嫩枝的病斑上可看到淡桃紅色的分生孢子團，在春夏之交，病部上有時出現有性世代子囊殼。

病原： *Glomerella cingulata*（Stonem）Sauld. Et Schrenk。

菌絲無色至黃褐色，寬2.4-4.8μm。分生孢子盤埋生於寄主表皮下，最後突出皮表而破裂，分生孢子梗，無色透明，表面平滑，長橢圓形狀或紡垂形，大小11.9-21.4×3.3-5.2μm。子囊殼褐色至暗褐色，具孔口，直徑78.5-111.9×95.2-142.8 μm；子囊棍棒狀至紡垂狀，大小50-61.9×6.7-11.9 μm；子囊孢子無色，長橢圓形，表面平滑，大小8.1-11.9×3.8-5.7 μm。

發病生態： 病菌的適宜發育溫度22-25℃，12℃以下或38℃以上停止萌發。以分生孢子盤或子囊殼在病株組織或落葉上越冬。高溫、高溼有利於本病的發生。春、夏、秋季發病較多，冬季發病較輕。土壤乾旱，肥份貧瘠的地方發病較多。

防治方法： 本病前無正式的防治方法。在撫育完成之造林地雖可見其發生，但為害並不嚴重。公園綠地上之樟樹，當通風不良，遮蔭導致相對溼度高時發病較嚴重，甚至可以導致枝條枯萎。本病是樟樹苗圃管理上重要的病害，不但可

㉖ 樟樹炭疽病

以導致苗木生長不良甚至讓苗木枯萎死亡。防治上以田間衛生為主包括剪除枯枝及發病枝條，掃除掉落的枝葉，並集中燒毀。發病嚴重時，可參考其他植物之炭疽病的防治方法，噴施殺菌劑來防治。

12. 木油桐褐斑病（brown spot）

病徵： 能危害木油桐葉片、葉柄、嫩梢、果實等。於葉片上，起初出現褐色小斑點，逐漸擴大成不規則形、圓形、多角形的病斑，呈紅褐色至黑褐色，大小約3～12 mm，有明顯界限。危害葉柄或枝梢時，形成橢圓形至長橢圓形的病斑，呈黑褐色，中央部位略為凹陷。危害果實時，在果實表面形成暗褐色之病斑，常導致果皮割裂。

病原： *Mycosphaerella aleuritidis*（Miyake）Ou.。

子囊殼散生，以葉的下表面分布最多，埋生於寄主的組織內，呈球形，黑色大約60-100 μm。孔口處有乳突狀凸起。子囊束生，呈圓筒狀至棍棒狀，內含8個子囊孢子。子囊孢子，雙胞，橢圓形，大小約9-15 μm×2.5-3.2 μm。

罹病植物： 油桐、木油桐。

發病生態： 本病在臺灣地區係木油桐常見之病害，一般而言對木油桐成樹之生長沒有明顯的影響，對木油桐之育苗影響較大。溫暖潮溼的環境有利於本病的發生，嚴重時導致大量落葉，常引起民眾恐慌，但不會造成樹木的枯萎。

㉗ 油桐褐斑病之病徵
㉘ 油桐褐斑病病徵

防治方法： 本病目前無正式的防治方法。本病對造林地的油桐影響不大，惟苗圃集約栽培時，因屬密集栽培，一但感染對苗木的生長影響頗大。防治上除了摘除病葉及枯葉的田間衛生工作外，也可噴灑殺菌劑如波爾多液來確保苗木的健康生長。

13. 桑樹葉背白粉病（Powdery mildew of paper-mulberry）

病徵： 本病害為葉片。罹病葉片略未褪綠變黃，葉背面初期有白粉狀斑點。繼則擴及全葉，似蓋覆一層白粉。後期白粉呈褐色，有黃褐、黑色小點散生，為子囊殼。

病原： *Phyllactinia moricola* Homma。

附生菌絲平鋪在葉的下表面，透明，有膈膜及分支，寬4-5μm，內生的菌絲藉由氣孔穿入並在葉表皮下的海棉組織中擴散，寬5-6.5μm；分生孢子梗，85-320×4.5-7 μm；分生孢子棍棒狀，大小約56-113×20-32 μm。子囊殼散生，扁球形，暗褐色到黑色，直徑170-210μm，內含十數個子囊，子囊長橢圓倒卵形至橢圓形，短柄，大小約73-84×35-43 μm，一般含兩個子囊孢子；子囊孢子長橢圓形到卵形，單胞，表面平滑，無色，大小約27-40×19-26 μm

寄主植物： 桑樹

發病生態： 本病為桑樹最常見之病害，在冷涼之季節較常見，主要感染下位葉或是老葉片，對桑樹之生長一般影響不大。

㉙ 桑葉背白粉病葉面病徵
㉚ 桑葉背白粉病葉背病徵可以看到白色之白粉菌菌絲及孢子

防治方法：本病對校園或是庭園之桑樹並無太大影響，若是專業桑樹栽
培地區如發生嚴重時，可參考植物保護手冊桑樹白粉病之防治，藥劑
25%依瑞莫水懸劑稀釋1500倍加以噴灑防治之。

14. 樟樹白粉病（Powdery mildew of camphor tree）

病徵：本病為害嫩葉和新梢，在葉片上下表面發生白色粉末狀病斑，初呈
圓形，逐漸擴張至全葉面，或僅葉片之一部分，被害部表面為白菌絲
和白粉狀的分生孢子所覆蓋，被害部位則褪色呈黃綠色至黃色，被害
葉皺縮變形，被害芽部亦呈萎縮變形，對生長影響頗鉅，尤其是苗或
幼樹被害時，常因所有葉片被感染而嚴重影響生育。

病原：*Oidium cinnamomi*（Yen）Braun。

病原菌菌絲平鋪於葉的表面生長，菌絲無色有隔，寬4-6 μm。分生孢
子梗、直立、圓柱狀、基部稍寬。分生孢子，橢圓形至矩圓形，無
色，大小約25-42×14-22μm。

罹病植物：樟樹（*Cinnamomum camphora* (L.) Nees et Eberm）。

發病生態：本病之病原菌在臺灣僅發現其無性分生孢子世代，未曾發現其
有性世代。本病主要感染嫩葉和新梢，尤其在幼苗期及幼樹期最容易
發生，大樹則為害下部的萌芽枝。樟樹苗栽植過密，或通風不良，發
病最嚴重。白粉病多在冷涼之季節發病較，平地及較低海拔之山地，
其主要發病時期在每年之秋天至第二年之春天。

㉛ 樟樹白粉病
㉜ 幼葉遭受感染後扭曲變形

防治方法： 本病目前無法正式推廣之防治方法。一般觀察在林地、公園及
行道樹之樟樹雖然會遭受危害，但主要僅感染下部的萌芽的枝葉，危害
程度輕微似乎沒有防治的必要。主要是苗期階段及剛出栽種植的苗木受
影響大，苗木一旦觀察到發病立即噴施殺菌劑（參考植物保護手冊果樹
白粉病用藥），每7-10天一次，連續2-3次，即可達到良好的防治效果。

15. 青剛櫟葉背白粉病（Powdery mildew）

病徵： 本病發生於葉片，主要感染新葉。初感染時，在葉背出現白色粉狀
的薄層，呈圓形擴大，隨著病斑老化，在葉背逐漸變色成為褐色至暗
褐色絨狀的菌層。而在葉上表面則呈現黃綠色至黃色的病斑。

病原： *Cystotheca lanestris*（Harkn.）Milyabe。

分生孢子梗，圓柱狀，大小約92-144×10-12 μm。子囊殼、球狀、暗
褐色，直徑約72-88μm。子囊，橢圓形至長橢圓形，內有8個子囊孢
子。子囊孢子單胞、無色、表面平滑，橢圓形至長橢圓形，大小約26-
32×16-18 μm。

發病生態： 本病主要發生於幼樹或大樹下部的萌芽枝，在林地裏光線不足
處發生尤多。本病對苗木培育影響較大，對出栽撫育完成之樹木生長
影響不大。

防治方法： 本病目前無正式推廣之防治方法。本病雖然對成樹影響不大，
但是育苗期如發病嚴重會影響到苗木成長及品質，可在苗木發病初期

㉝ 青剛櫟葉背白粉病葉面之病徵
㉞ 青剛櫟葉背白粉病之葉背病徵

參考植物保護手冊果樹白粉病推薦用藥，每7-10天一次，連續2-3次，加以噴灑有較好的防治效果。

16. 青剛櫟白粉病（Powdery mildew of glaucous oak）

病徵： 本病為害葉片和新梢，起初在葉片上下表面形成白色圓形稀疏的病斑，逐漸擴大，形成濃密而表面呈白粉狀的病斑，有時病斑擴大且相互融合成更大的病斑，終至覆蓋往整個葉表面，病斑下的葉片組織常褪色呈黃綠色。嫩葉和新梢被害時，常呈皺縮而變形。

病原： *Microsphaera alphitoides* Griffon et Moublanc。

㉟ 青剛櫟白粉病之病徵
㊱ 青剛櫟白粉病之病徵

子囊殼散生或群生，扁球形，直徑約75-110μm，附屬絲5-16個，無色，無橫隔，近基部淺褐色，頂端4-5次雙分叉，最上層的小枝反卷，內含4-6個子囊。子囊，卵形或近球形，有短柄，大小約45-70×35-45μm。子囊孢子大小約18-29×9-13μm。

罹病植物：青剛櫟（*Cyclobalanopsis glauca* Oerst.）。

發病生態：本病主要感染嫩葉和新梢，尤其在幼苗期及幼樹期最容易發生，大樹則爲害下部的萌芽枝。苗木栽植過密，或通風不良，發病最重。白粉病在涼爽之季節發病較多，在平地及較低海拔之山地，其主要發病時期在每年之秋天至第二年之春天。

防治方法：本病目前無正式推廣之防治方法。參考植物保護手冊果樹白粉病推薦用藥，在剛發病時，每7-10天一次，連續2-3次，加以噴灑有較好的防治效果。

17. 紅榨槭灰黴病（Gray mold of Taiwan red maple）

病原：*Botrytis cinerea* Per. ex Fr.

分生孢子梗著生於病斑表面的菌絲體上，大小爲280-2000×12-24μm，直立，叢生，其上有不規則的樹枝狀分枝，無色至淡灰色，成堆時呈棕灰色。分生孢子著生於分生孢子梗及小枝頂端的膨大部分，聚生呈葡萄狀，單胞，近無色，球形，梨形或橢圓形，大小約7-9.5×9-14μm。

病徵：主要危害幼嫩的葉部，初期呈現淡褐色水浸狀之小形斑點，病斑迅速擴大，且常多數融合後整片變爲淡褐色至暗褐色而腐敗凋落。

發生生態：本病發生於低溫潮溼的季節，在臺灣常發生於冬季及初春時節。灰黴病的發生，以苗圃及溫室較爲嚴重。

③⑦ 紅榨槭灰黴病

寄主植物：本病之病原菌，爲多犯性之病原，寄主範圍廣泛，在臺灣還能感染桉樹、楓香等100多種寄主植物。

防治方法：由於本病可感染多種植物，同時一發病因爲溫溼度條件合適可以快速擴散，防治上需連同周圍的植物一同防治。在移除受感染的植物或是組織後，進行噴藥。防治藥劑可以參考植物保護手冊所推薦登記之藥劑。

18. 梅白粉病（Powdery mildew of flowering apricot）

病徵：本病爲害葉片、果實及幼嫩枝條，起初在葉片上下表面形成黃白色略近圓形的小斑點，病斑上可見到稀疏的白色菌絲，隨著斑點擴大成爲略近圓形或不規則狀，表面濃密白粉狀的病斑，有時由於病斑的擴展及互相癒合，而致全葉片覆蓋白粉狀的病斑。嫩葉被害時，常捲曲變形。嚴重感染時會導致大量落葉。

病原：*Podosphaera tridactyla*（Wallr.）be Bary。

菌絲平鋪於葉子的兩面及嫩梢上，初呈白粉狀，後轉爲灰白色。著生分生孢子梗與表生的菌絲垂直，大小30-120×7-9 μm，有數個隔膜，其上著生分生孢子。分生孢子，鍊狀連接，呈橢圓形至長橢圓形，大小約24-33×13-16μm。子囊殼球狀，直徑約86-90μm，頂上著生附屬器。附屬器，直立，基部褐色，先端3-5回二叉分歧。子囊內含8個子囊孢子，大小約56-80×52-78μm。子囊孢子，長橢圓形，大小約22-24×11-14μm。

寄主植物：梅（*Prunus mume* Sieb.et Zucc.）。

發病生態：白粉病是梅樹常見的病害，在臺灣各地均可見到本病的發生。本病主要爲害嫩葉與嫩

⑱ 梅白粉病病徵

梢，發生期主要在春季至初夏時，秋季時也偶可見到發生。白粉病菌可以菌絲狀態在芽內過冬，第二年再侵入新長出之嫩葉。

防治方法：可參考植物保護手冊上作物白粉病之推薦藥劑加以防治，例如40%邁克尼可溼性粉劑（Mycolobutanil）或37%護矽得乳劑（Flusilazol）兩種殺菌劑之一，以8,000倍稀釋液，於一月上旬花謝後開始施藥，每隔20天施藥一次，共四次。

19. 相思樹白粉病（Powdery mildew of Acacias）

病徵：本病為害植物的葉、嫩梢以及綠色的幼嫩莖部。首先在被害部位出現白色略近圓形的小斑點，係由白色稀疏的纖細菌絲組成，以後逐漸擴大而漸呈濃密狀，同時表面出現白色粉狀物。病斑會互相癒合至呈不規則形之大型病斑，甚至覆蓋住整個葉片、嫩梢等之表面。被害部位之植物組織會有黃化現象，嫩葉和嫩梢被害時，常會變形並生長停頓，被害嚴重時，植株生長受阻礙而致發育不良，尤其以幼苗期最嚴重。

病原：*Oidium* sp.

罹病植物：碧葉相思樹、耳莢相思樹、長葉相思樹、直幹相思樹、綠栲、夏威夷相思樹。

發病生態：本病主要感染幼嫩的葉片及枝梢。移植苗栽過密，或通風不良，發病最嚴重。白粉病在冷涼之季節發病較多，在平地及較低海拔之山地，其主要發病時期在每年之秋天至第二年之春天。

防治方法：本病目前無正式推廣之防治方法。在育苗期發病嚴重時會影響苗木的生長及品質，可在苗木發病初期噴施殺菌劑，每7-10天一次，連續2-3次，有較好的效

㊟ 相思樹白粉病之病徵

果。至於殺菌劑種類可以參考植物保護手冊作物白粉病之推薦用藥。

20. 陰香炭疽病（Anthracnose of Batavia Cinnamon）

病徵： 危害葉片、側枝和果實。在枝條上主要表現爲枯梢；幼莖上的病斑
呈圓形或橢圓形，大小不一，初爲紫褐色，漸變黑褐色，病部下陷，
以後互相融合，枝條變黑枯死。重病株上的病斑沿主幹向下蔓延，最
後整株死亡；葉片、果實上的病斑圓形，融合後成不規則形，暗褐色
至黑色。嫩葉往往皺縮變形。遇到潮溼天氣，在葉片、嫩枝的病斑上
可看到淡桃紅色的分生孢子團，在春夏之交，病部上有時出現有性世
代子囊殼。

⓵ 陰香炭疽病
⓶ 陰香炭疽病

病原：*Glomerella cingulata*（Stonem）Sauld. Et Schrenk。

菌絲無色至黃褐色，寬2.4-4.8×μm。分生孢子盤埋生於寄主表皮下，最後突出皮表而破裂，分生孢子梗，無色透明，表面平滑，長橢圓形狀或紡垂形，大小11.9-21.4×3.3-5.2μm。子囊殼褐色至暗褐色，具孔口，直徑78.5-111.9×95.2-142.8 μm；子囊棍棒狀至紡垂狀，大小50-61.9×6.7-11.9 μm；子囊孢子無色，長橢圓形，表面平滑，大小8.1-11.9×3.8-5.7 μm。

發病生態：病原菌以分生孢子盤或子囊殼在病株組織或落葉上越冬。高溫、高溼有利於本病的發生。春、夏、秋季發病較多，冬季發病較輕。土壤乾旱，肥份貧瘠的地方發病較多。

防治方法：本病前無正式的防治方法。在撫育完成之造林地雖可見其發生，但為害並不嚴重。公園綠地上之陰香，當通風不良，遮蔭導致相對溼度高時發病較嚴重，甚至可以導致枝條枯萎。本病是陰香苗圃管理上重要的病害，不但可以導致苗木生長不良甚至讓苗木枯萎死亡。防治上以田間衛生為主包括剪除枯枝及發病枝條，掃除掉落的枝葉，並集中燒毀。發病嚴重時，可參考其他植物之炭疽病的防治方法，噴施殺菌劑來防治。

21. 櫸樹白粉病（Powdery mildew of Zelkova）

病徵：本病害為葉片及嫩梢，起初在被害處表面形成略近圓形，由白色菌絲形成的斑點，隨著病斑發展，逐漸擴大，並且表面生出濃密白粉的分生孢子，病斑常多數癒合，並擴大至覆蓋住葉表面之大部分或全部，嫩梢被害時，常造成捲曲而葉片伸展不良。育苗期，發病嚴重時會引起大量的落葉。

病原：*Uncinula zelkowae* P. Henn.。

閉囊殼直徑約80-125μm，附屬絲15-25條，長度約0.5-1.5倍的閉囊殼直徑長。閉囊殼內含子囊2-5個，子囊大小約50-55×30-50 μm。子囊內含3-6個孢子，孢子橢圓形或卵形，大小約19-28×12-15μm。

罹病植物： 臺灣櫸
（*Zelkova serrata*
（Thumb）Maki-
no.）。

發病生態： 本病主要感
染嫩葉和新梢，尤
其在苗期及幼樹期
最容易發生，大樹
則為害下部的萌芽
枝。遮陰過度以光

⑫ 櫸樹白粉病病徵

線不足處，發病最重。白粉病在冷涼之季節發病最多。

防治方法： 本病無正式推廣之防治方法。如發病嚴重，可參考植物保護手
冊其他植物白粉病推薦用藥防治之。

22. 沙朴白粉病（Powdery mildew of Chinese Hackberry）

病徵： 本病感染葉片上下表面及嫩梢等綠色部位，起初在被害部位出現略
近圓形，由稀疏的菌絲所構成，呈白色的小病斑，病斑逐漸擴大，同
時變為濃密狀，其表面生出白色粉狀覆蓋物，病斑常多數癒合成大形
病斑，有時擴展至覆蓋住葉片2/3以上面積。被害嚴重時，葉片常會黃
化而提早掉落。

病原： *Uncinula clintonii* Peck.。

菌絲無色，有隔，5-6μm寬。分生孢子梗，直立，無色，大小約60-
68×8-10μm。分生孢子，長橢圓狀至圓柱狀，大小約36-41×15-
18μm。子囊一般含有5個子囊孢子。子囊孢子無色，橢圓形，表面平
滑，單胞，大小約10-25×14-16μm。

罹病植物： 沙朴（*Celtis sinensis* Pers.）。

發病生態： 白粉病為沙朴常見病害之一，尤其是幼樹及苗木最容易罹患本
病，同時在陰蔽處發生較多。本病有時與葉背白粉病同時發生於同一
葉片上。

防治方法：本病無正式推廣之防治方法。一般成樹上常發生於下位萌芽
枝，對樹木的生長影響不大，但本病育苗期發病嚴重時，會影響苗木
的生長及品質，可於初發生時，參考植物保護手冊所記載其他植物白
粉病推薦用藥防治之。

⑷

⑷

⑷　朴樹白粉病葉面之病徵
⑷　朴樹白粉病葉背之病徵

23. 沙朴葉背白粉病（Hypophyllus powdery mildew of Chinese Hackberry）

病徵： 本病感染葉片背面，起初在葉背出現圓形呈白色的小斑點，逐漸擴大成略近圓形或不規則形，呈濃密白粉狀的病斑，其直徑通常在3～10 mm之間，有時亦可達15 mm以上。有時多數病斑癒合成不規則形的大型病斑。從葉片上表面觀察，可見到病斑部位之葉片組織有顯黃化現象，被害葉常提早掉落。

病原： *Pleochaeta shiratiana*（P. Hann.）Kimbr. et Korf。

分生孢子梗，圓柱狀，大小約75-112×6-7 μm，頂生分孢子；分生孢子棍棒狀至卵狀，無色，單胞，大小約49-92×15-22 μm。子囊殼黑色，扁球狀，直徑約180-250 μm；子囊圓柱狀至長橢圓狀，大小約64-108×27-39 μm；子囊孢子無色，卵狀至長橢圓狀乃至圓柱狀，大小約28-38×15-20 μm。

罹病植物： 沙朴（*Cleltis sinensis* Pers.）。

發病生態： 白粉病為沙朴常見病害之一，尤其是幼樹及苗木最容易患本

㊺ 葉背白粉病葉面的病徵
㊻ 葉背白粉病葉背的病徵
㊼ 葉背白粉病病斑形成子囊殼（箭頭所示）

病，同時在陰蔽處發生較多。本病有時與葉表白粉病同時發生於同一葉片上。

防治方法： 本病無正式推廣之防治方法。一般成樹上常發生於下位萌芽枝，對樹木的生長影響不大，但本病育苗期發病嚴重時，會影響苗木的生長及品質，可於初發生時，參考植物保護手冊所記載其他植物白粉病推薦用藥防治之。

24. 闊葉樹赤衣病（Pink disease of hard woods）

病徵： 本病爲害枝條和主幹。最初在枝條被害樹皮，發生小變色斑點，有時有少量樹脂滲出，隨後生出白色的菌絲薄膜，逐漸擴大，漸變爲粉紅色或淡紅色，當溼度高時，白色的菌絲沿著枝條或樹幹上下蔓延，圍繞整個枝幹周圍，形成一片銀白色的菌絲薄膜，罹病部乾燥後呈汙白色或淡紅色，有細小裂痕。罹病部上方的枝葉逐漸凋萎而至整個枯死。

病源： *Erythricium salmonicolor*（Berk. er Br.）Burds.。

子實層淡紅色，表面平滑，幾乎可無限制擴張；擔子圓柱狀，無色，大小約24-135×6.5-10μm，頂端著生2-4個小梗；小梗先端尖細，著生擔孢子；擔孢子呈橢圓或倒卵形，無色，表面平滑，大小約9-17×1-2 μm。

罹病植物： 相思樹、龍船花、木棉、山黃梔、桑、含笑、夾竹桃、楊桃、柑桔、蘋果等林木、觀賞樹木及果樹。

發病生態： 高溫高溼以及遮陰之情況下，有利於本病之發生。本病之寄主範圍廣泛，在臺灣已知的寄主有十幾種。

防治方法：

(1)厲行田間衛生工作：本病剛發生時，應即時連同周圍被感染的樹木一起修除發病

⑱ 九芎的赤衣病

枝條及枯枝，並燒毀之。

(2)參考植物保護手冊所載枇杷赤衣病推薦藥劑貝芬同稀釋750倍，連同周圍受害木一起噴灑，每隔10-14天施用一次，以避免病害繼續傳播。

25. 松樹葉震病（Needle cast of Pines）

病徵： 本病為害針葉。起初在針葉上形成計多黃色或黃褐色的小斑點，而後在病葉上形成一節節黃褐色至褐色的病斑，並有濃褐色之帶狀線，以後葉片逐漸變褐色至灰褐色枯死，在枯死葉上形成細微的黑色斑點，呈橢圓形至紡錘形，稍微突起，此即為病原菌之子囊果；在枯死前之葉上，很少有形成子囊果者。

病原： *Lophodermium pinastri*（Schrad.）Chev.。

子囊果在枯死葉上形成，呈橢圓形至紡錘形，稍微突起，長約700-1200μm，成熟時以一側縱向列開。側絲頂端尖，直而不彎曲。子囊圓柱形，大小約110-115×9.5-11.5μm。子囊孢子線形，長度約4.5-6.3μm。

寄主植物： 溼地松、琉球松、黑松。

發病生態： 本病為臺灣地區松樹最常見的病害，但一般不致造成松樹枯死，尚未釀成大害。依據應之璘（1982）之敘述，松樹中以馬尾松最易罹病，琉球松次之，黑松耐病性最強。病原菌以菌絲體或子囊盤在落葉上過多，第二年子囊孢子成熟後，當雨天或潮溼的條件下，即釋放出子囊孢子。在子囊孢子飛散期間，如果降雨量大，溼度高，不僅有利於病菌孢子的飛散，而且有利於孢子侵入松針，因而有利於病害的發生。植株密植，土

49 松樹葉震病之病徵

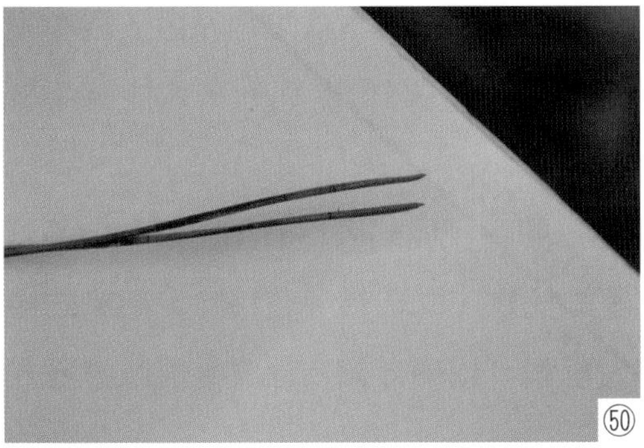
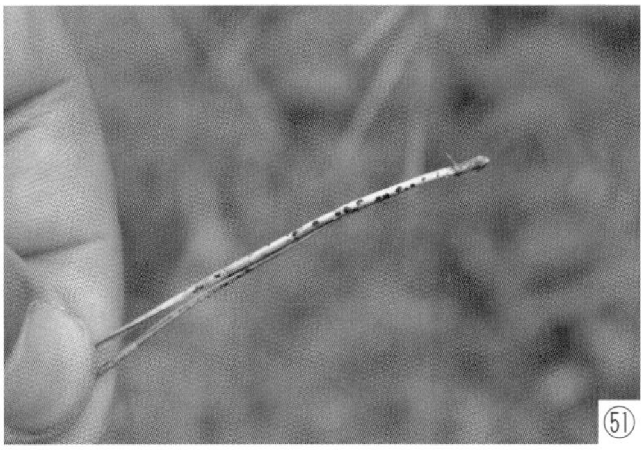

(50) 松樹葉震病之病徵
(51) 松樹葉震病的子囊果（黑色微凸的小斑點）

壤貧瘠，光照不足等，都有利於病害發生。

防治方法： 本病目前無正式推廣的防治方法及藥劑。造林地、公園或是行道樹的松樹由於樹身高大，此病害的影響有限，尚無噴藥及防治的需要。但是苗圃或是集約管理的園林，對松樹的生長及樹形有較大的影響，防治上建議以移除病葉及落葉的田間衛生爲主，一般噴施波爾多劑或殺菌藥劑可以減少本病的發生。

26. 聖誕紅灰黴病（Gray mold of common poinsettia）

病徵： 爲害花和花苞。病原菌從花瓣或萼感染，初期呈現淡褐色，水浸狀之小形斑點，病斑迅速擴大，且常多數融合後整朵花變爲淡褐色至暗褐色而腐敗凋落。如花苞被害，則尚未展開或僅部分展開，即已腐爛凋落。在被害組織上，形成多數灰白色至褐色毛狀的黴，是爲本病的特徵。

病原： *Botrytis cinerea* Per. ex Fr.。

分生孢子梗著生於病斑表面的菌絲體上，大小約爲280-2000×12-24 μm，直立，叢生，其上有不規則的樹枝狀分枝，無色至淡灰色，成堆時成呈棕灰色。分生孢子著生於分生孢子梗及小枝頂端的膨大部分，聚生成葡萄狀，單胞，近無色，球形，梨形或橢圓形，大小約7-9.5×9-14 μm。

罹病植物： 杜鵑、楓香、松樹、桉樹等多種木本植物。

發病生態： 本病發生於低溫潮溼的季節，在臺灣常發生於冬季及初春時

節。灰黴病的發生，以苗圃及溫室較爲嚴重。本病之病原菌，爲多犯性之病原，寄主範圍廣泛，在臺灣除了爲害聖誕紅外，還能感染桉樹、楓香等100多種寄主植物。

防治方法：由於本病可感染多種植物，同時一發病因爲溫溼度條件合適可以快速擴散，防治上需連同周圍的植物一同防治。在移除受感染的植物或是組織後，進行噴藥。防治藥劑可以參考植物保護手冊所推薦登記之藥劑。

㉒ 聖誕紅灰黴病末期病徵
㉓ 聖誕紅灰黴病初期病徵

27. 杜鵑餅病（Exobasidium gall of azaleas）

病徵：主要爲害葉片，偶爾可見感染花器及幼嫩枝條。葉片的一部分或全葉變肉質肥大，向外膨起而呈現球形或不整形，初爲稍淡之綠色，後轉爲白色粉狀，乾枯後變暗褐色木乃伊化，最後落葉。

病原：*Exobasidium japonicum* Shirai.。

屬於擔子菌，子實層呈白色，菌絲無色，纖細，存在罹病組織的細胞間隙中。擔子爲棍棒狀至圓柱狀，長約32-100 μm，直徑4-8 μm，頂端著生4-5個擔孢子梗，普遍爲4個。擔孢子呈鐮刀狀，頂端圓頭，基端鈍頭，無色，單胞，並含有顆粒體，大小約爲14.5-4 μm。

罹病植物：烏來杜鵑、琉球杜鵑、及其他觀賞杜鵑。

發病生態：本病在臺灣主要發生於春季及夏初，以後即很少發生，原先已感染者，則逐漸乾枯而落葉。在較高海拔的山地，有時在秋季也會

54 杜鵑餅病之病徵，受感染之葉片組織肥大向外膨起

55 杜鵑餅病之病徵

56 成熟的子實層因孢子產生而外表呈現粉狀

57 杜鵑餅病之病徵整片葉子肥大外表開始產孢

58 杜鵑餅病感染幼嫩之枝構

59 杜鵑餅病末期病兆，受感染部位轉黑褐色，乾枯木乃伊化

有少數病害發生。
溫度較低，溼度較
高，陰雨天氣，日
照較少，植株過密
等環境條件，有利
於本病之發生。

防治方法： 本病目前並
無正式推廣的防治
發法及藥劑。當病

⑥ 茶梅之炭疽病

部尚未產生子實層（白粉狀物）前及時摘除病葉及病梢，集中徹底燒
毀，嚴禁將帶病苗木引進無病區，皆是防治上須注意之處。在抽梢展
葉時，可以噴施殺菌劑以防治本病發生。

28. 山茶花炭疽病（Anthracnose of common camellia）

病徵： 主要為害葉片和枝梢等。葉片受為害時，在葉片周緣部分發病者較
多。發病初期，呈淡綠色稍微乾枯之病斑，而後轉為紅褐色至褐色，
後期病斑中央部分轉為灰色，周圍成暗褐色而稍微隆起。病斑表面有
許多黑色小點形成，即病原菌的分生孢子盤（Acervuli）。病斑成不
正形、大型、常可達全葉之大部分面積。枝梢被害時，以幼梢罹病較
多，被害部位呈黑褐，被害部位以上之枝梢呈凋萎枯死。

病原： *Glomerella cingulata*（Stone.）Spaulding et Schren k.。
菌絲無色至黃褐色，寬約2.4-4.8 μm。分生孢子盤埋生於寄主表皮下，
最後突出表皮而破裂。分生孢子梗無色透明，表面平滑，長橢圓形狀
或紡垂狀，大小約11.9-21.4×3.3-5.2 μm。子囊殼褐色至暗褐色，具孔
口。大小約78.5-111.9×95.2-142.8 μm；子囊棍棒狀至紡垂狀，大小約50-
61.9×6.7-11.9 μm；子囊孢子無色透明，長橢圓形，表面平滑，大小約
8.1-11.9×3.8-5.7 μm。

罹病植物： 山茶花。

發病生態： 本病原菌在世界上的分布很廣，從溫帶、亞熱帶到熱帶都有，

且其寄主範圍廣泛，能為害多種作物、果樹、和樹木等。本病為害葉片時，亦稱為葉枯病或褐色葉枯病（brown blight），是山茶花最常見的葉部病害之一，也可以為害茶及油茶等。高溫多溼，過度密植，土壤貧瘠或氮肥過多，植株生長衰弱，日照不足等，皆有利於本病之發生。種植於黏重的土壤也比重於輕壤土者容易發病。昆蟲為害之傷口有利於本病之發生。

防治方法： 本病目前無正式推廣之防治方法及藥劑。加強管理措施，及時清除病葉、病枝和病殘體，採用含豐富腐植質的酸性土壤栽培，以及用滴灌澆水等，皆可減輕病害之發生。在早春新梢生長後，噴施波爾多液等殺菌劑，再配合摘除老葉及病葉，其防治效果會更好。

⑥⒈ 山茶花之炭疽病葉面之病徵
⑥⒉ 山茶花之炭疽病葉背之病徵

29. 杜鵑褐斑病（Angular leaf spot of azaleas）

病徵： 本病爲害葉片，通常從植株下面的葉片開始感染，有時整株的葉片都受到本病感染。病斑常從先端或邊緣開始，往中央擴大，形成不規則的病斑。病斑發生在葉片內部時，呈圓形或橢圓形乃至不規則形。病斑大小約3～10×5～15mm。被害葉易於掉落，爲害嚴重時，引起大量落葉現像，植株生長受阻礙而致衰弱。

病原： *Septoria azaleae* Voglino。

柄子殼著生於葉表面上，多數不規則有時呈球形或近球形，直徑約48-170 μm，高約32-110 μm。柄孢子透明，表面平滑，兩端平鈍，普通具1-3個隔膜，偶爾可見到6-7個隔膜，大小9.6-22.4×2.2-4.4 μm。

罹病植物： 琉球杜鵑、其他杜鵑（*Rhododendron* spp.）。

發病生態： 本病是杜鵑常見病害之一。病菌在病葉或落葉上越冬，或度過不良環境，當溫溼度適合時，釋放孢子並藉雨水散播。溫暖潮溼的氣候，以及日照不足皆有利於本病發生。

防治方法： 本病目前無正式推廣的防治方法及藥劑。摘除病葉，清除地面或盆土內落葉集中銷毀。保持通風透光，減少溼度，皆可減輕病害的發生。發病期間可以噴施殺菌劑以防治本病。

63 杜鵑褐斑病之病徵

30. 杜鵑斑點病（Leaf spot of azaleas）

病徵： 本病爲害杜鵑葉片，形成褐色的斑點。初期在葉表面發生淡褐色至暗褐色的小斑點，迅速擴大成爲較大形呈褐色至暗褐色的病斑。病斑

常因葉脈阻隔而成為多角形，輪廓鮮明，有時亦呈不規則狀，大小約在1.5～5mm之間，但亦常有超過5mm以上者。被害葉易於掉落，為害嚴重時，引起大量落葉現像，植株生長受阻礙而致衰弱。

病原：*Venturia rhododendri* Tengwall（Syn. *Phyllosticta maximi* Ell.et Ev.）。柄子殼著生於葉表面上，以下表面分布最多，球形或近球形，大小約48×131 μm。柄孢子，無色或淡橄欖色，表面平滑，橢圓形或近球形，大小約7.2-12.8×4.3-7.2 μm。

罹病植物：琉球杜鵑、其他栽培杜鵑（*Rhododendron* spp.）。

發病生態：本病也是杜鵑常見病害之一。病菌在病葉或落葉上越冬，或度過不良環境，當溫度溼度適合時，釋放孢子並藉雨水散撥。溫暖潮溼的氣候，以及日照不足皆有利於本病發生。以扦插繁殖之杜鵑苗圃，發病嚴重常導致苗木發育不良甚至無法成苗。

防治方法：本病目前無正式推廣的防治方法及藥劑。摘除病葉，清除地面或盆土內落葉集中銷毀。保持通風透光，減少溼度，皆可減輕病害的發生。扦插繁殖用之採穗園，建議在未觀察到病徵時，採穗進行前1-2月，即以系統性殺菌劑對採穗母樹進行多次預防性的噴灑，以獲得較健康之插穗，降低本病在扦插苗圃的發生。

⑥⑷ 杜鵑斑點病

31. 杜鵑花腐菌核病（Petal blight of azaleas）

病徵：本病為害杜鵑之花器，感染初期在花瓣形成許多直徑約0.5-1mm的圓形小斑點，在白色花或淡色花上斑點呈淡褐色；在深色花則呈現褪色或淡色的斑點。在溫暖潮溼的環境下，病斑迅速擴大或互相癒合，被害花在短期內即凋萎腐敗。其殘骸常和葉片混合附著於枝條上，嚴

重降低杜鵑之觀賞價值，在褐變的花瓣上產生扁平，小而形狀不規則的黑色菌核。

病原：*Ovulinia azaleae* Weiss.（Syn. *Sclerotinia azaleae*（Weiss）Dennis）。花被感染後產生褐色的斑點，枯萎後仍掛在枝條上，其上產生黑色的菌核，菌核扁平，中央凹陷，落地後於翌年的春天產生子囊盤並釋放子囊孢子。

罹病植物：琉球杜鵑、大紅杜鵑、其他杜鵑（*Rhododendron*. spp.）。

發病生態：本病為杜鵑花常見病害之一，最早由Weiss（1935）記載其發生於美國。臺灣北部地區，本病也是杜鵑花常見的一種病害，而且可為害多種杜鵑（azaleas），主要發生於每年的1～6月，低溫潮溼的杜鵑開花期。病原菌性喜低溫潮溼，係以在腐敗的花瓣上形成菌核的方式，度過不利於其生長的夏季。

㉖ 杜鵑花腐菌核病初期病徵
㉗ 杜鵑花腐菌核病病徵
㉘ 杜鵑花腐菌核病病徵花謝後能掛在樹枝上
㉙ 杜鵑花腐菌核在感染的花瓣上形成扁平黑色之菌核（箭頭所指）

防治方法： 本病目前無正式推廣的防治方法及藥劑。同時病害發生後，感
染快速，噴灑藥劑的效果常不如預期。防治主要以田間衛生及預防感
染為主。在杜鵑落花後，收集掛在樹上及掉落在土面上的殘餘，予以
燒毀，可降低來年的感染源。於秋季時將土面上的菌核深埋入土中，
可以有效的減少來年病害的發生。

32. 杜鵑白粉病（Powdery mildew of azaleas）

病徵： 本病為害葉片及嫩梢，起初在被害處表面形成略近圓形，由白色
菌絲形成的斑點，隨著病斑發展，逐漸擴大，並且表面生出濃密白粉

⑥⑨

⑦⓪

⑥⑨ 杜鵑白粉病之病徵
⑦⓪ 杜鵑白粉病之病徵

的分生孢子，病斑常多數癒合，並擴大至覆蓋住葉表面之大部甚至全部。越幼嫩的葉片被害，越容易引起葉片扭曲變形。嫩梢被害時，常造成捲曲而葉片伸展不良。

病原：*Microsphaera izuensis* Y. Nomura。

分生孢子梗直立，長約60-110 μm。分生孢子橢圓形，大小約37-47×17-20 μm。閉囊殼直徑約70-135 μm。附屬絲6-29條，直而有彈性，呈黃色到褐色。子囊有短柄，大小約50-85×40-65 μm，內含4-8個子囊孢子。子囊孢子橢圓形到卵形，大小約16-30×10-20 μm。

罹病植物：杜鵑（*Rhododendron* spp.）。

發病生態：本病能夠為害多種杜鵑，主要感染嫩葉和新梢。遮陰過度以致光線不足處，發病最為嚴重。大部分時候不會造成杜鵑嚴重的危害，僅在苗圃生產或是遮陰過度的杜鵑圍籬會造成比較嚴重的傷害，特別是在冷涼之季節發病較多。

防治方法：本病無正式推廣之防治方式。大部分不會造成嚴重的影響，苗圃生產或是遮陰過度的杜鵑圍籬會造成比較嚴重的傷害，在有防治的必要時，於發病之初，可參考植物保護手冊其他植物白粉病之防治藥劑加以防治。

33. 相思樹銹病（Rust of Taiwan Acacia）

病徵：本病為害嫩梢、假葉及莢果等部分，初期在被害部位表面形成淡綠色或黃綠色的斑，逐漸擴大並隆起成為瘤狀，在假葉上則呈一面隆起而另一面凹陷之腫瘤，在瘤表面上會形成黃色粉末狀物，即為病原菌之夏孢子堆及夏孢子，有時可見有灰白色，呈半球形的小點，即為病原菌的冬孢子堆。腫瘤在後期會逐漸轉為褐色至暗褐色而後乾燥萎縮。假葉、嫩梢及莢果被害後，常呈捲縮變形。

病原：*Poliotelium hyalospora*（Sawada）Mains。

精子器淺綠色，半球形，直徑約95-150 μm。精子無色，卵形或橢圓形，3-6×3-5 μm。夏孢子堆暗褐色，夏孢子呈卵形至廣橢圓形，頂端鈍圓基部平直，表面有細微的突起，淡黃色至金黃色，中部有4-6個發

芽口孔，大小約35-69×19-22 μm。冬孢子堆較小，灰白色。冬孢子無色、單胞、卵形或橢圓形、兩端鈍圓，表面光滑，大小約45-95×16-25 μm。

罹病植物： 相思樹（*Acacia confusa* Merrill.）

發病生態： 本病爲相思樹最常見的病害之一，以苗木及幼樹被害較爲嚴重，有時因本病之爲害而導致樹勢衰弱，甚或生長停頓，是苗圃期的重要病害。春天和秋天，溫度達14-24℃和20-25℃時，病害發生最爲嚴重。潮溼和日照不足，植株種植過密等，皆有利於病害之發生。

防治方法： 本病在相思樹造林地是非常常見的病害，一般情形對樹木的影響不大。但是在育苗圃時發病會影響苗木的生長。目前無正式推廣之防治方法及藥劑。新葉抽出前應清除罹病葉、枝條或莢果，並集中燒毀。發病初期可參考植物保護手冊果樹銹病登記藥劑噴施殺菌劑以防治本病。

⑦ 相思樹銹病
⑦ 相思樹銹病

34. 桂花樹銹病（Rust of sweet osmanthus）

病徵： 本病感染葉片、葉柄及嫩梢等部位。葉片被感染時葉表面凹陷，而在葉背呈囊狀突起並變肥厚，葉柄及嫩梢被害部位則膨大並彎曲變形，呈暗綠色至褐色。在膨大之被害組織上會有許多金黃色，略呈扁球形之小疣狀突起，此即是病原菌之銹子腔。

病原：*Aecidium osmanthi* Syd. et Butl.。

　　　精子器生於葉上表面、少數或多數聚生、暗褐色至黃褐色，銹子腔群生於葉組織內，直徑約2.8-8.0mm，黃褐色。擬護膜多角狀無色至淡色。銹孢子球狀至廣橢圓形，薄膜，淡黃色，直徑約16-19 μm。

罹病植物：桂花（*Osmanthus fragrans* Lour.）。

發病生態：冷涼而潮溼的氣候有利於本病發生，尤其以春季及秋季，生長新葉時為發病之高峰期。種植過密或日照不足，皆有利於病害之發生。

防治發生：本病目前無正式推廣之防治方法及藥劑。防治建議在新葉抽出前應清除病葉及病枝條，並集中燒毀。有防治的需求時，於發病初期可參考植物保護手冊其他作物銹病推薦藥劑，例如富爾邦、芬瑞莫、三泰芬或比多農等藥劑噴灑之。

⑦ 桂花樹銹病之病徵
⑦ 桂花樹銹病之病徵
⑦ 桂花樹銹病之病徵

35. 桂花褐斑病（Phyllosticta leaf blight of sweet osmanthus）

病徵： 本病為害葉片。病斑從葉片先端邊緣出現較多，初呈淡褐色小斑點，逐漸大成不正形的大形病斑，直徑可達2.5cm以上。常數個病斑癒合，致使葉片大部分為病斑占有。老化病斑部分呈灰褐色或淡褐色，周圍則呈濃褐色，稍稍突起，和健全部明顯區分。病斑處散生許多黑色小點，即為病原菌之柄子殼。

病原： *Phyllosticta osmanthicola* Trinchieri。

分生孢子器、黑色、近球形、有孔口、直徑約100-150 μm；分生孢子，長橢圓形或近梭形，無色，單胞，大小約6.0-9.5×1.8-2.5 μm。

罹病植物： 桂花。

發病生態： 本病為桂花最常見之病害。高溫高溼的氣候，通風不良的環境，植株生長勢衰弱的情況下，發病較為嚴重。

防治方法： 本病目前無正式推廣的防治方法及藥劑。壓條或扦插繁殖的苗木，應在繁殖前仔細摘去病葉，消滅初次感染來源。病株應摘除病葉、集中燒毀，並加強人工管理，並切忌土壤積水，增施腐殖質和鉀肥，以提高抗病力。發病期間可噴施波爾多液等殺菌劑，以防治本病。

⑦⑥ 桂花褐斑病之病徵

36. 桃葉穿孔褐斑病（Leaf Spot and Shot Hole of Peach）

病徵： 本病發生在葉片上，初期在葉上出現褐色小斑點，逐漸擴大成近圓形的病斑，然後病斑周圍組織剝離而使病斑脫落，最後葉片出現一個個病斑脫落後的小孔。

病原：*Mycospha erella cerasella* (Sacc.) Aderhold。

子囊殼埋生於葉的組織中，褐色球形或近球形具短頸，其上有圓形的孔口，大小約為53.5×102μm。子囊於子囊殼中束生，圓筒狀至棍棒狀，大小約28-43.4×6.4-10.2μm。子囊孢子、無色、紡垂狀、一個膈膜、將孢子分成兩個大小不同的部分。大小約11.5-17.8×2.5-4.3μm。

罹病植物：山櫻花、霧社櫻花、桃、李。

發病生態：本病之病原菌，除了桃外，也可以感染櫻花及李等植物。病原菌係於被害葉落下後，生出子囊殼，到第二年再釋放孢子感染葉片。本病於梅雨季節至10月左右，為發病的高峰期。

防治方法：本病目前無正式推廣的防治方法及藥劑。實際上防治方式以田間衛生為主，將落下之被害葉，收集燒毀或埋入土中，以減輕感染源，可減輕本病之發生。搭配田間衛生工作下，波爾多液的噴灑可以提高防治的效果。

⑦ 桃的褐斑穿孔病病斑脫落後形成小孔（紅色箭頭所示）
⑦⑧ 褐斑穿孔病發生在桃葉上，病斑周圍開始形成離層。

37. 桉樹灰黴病（Gray mold of Eucalyptus）

病徵：主要為桉樹之葉片，特別是幼嫩的葉片。初期呈現淡褐色，水浸狀之小形斑點，病斑迅速擴大，且常多數融合後整葉片變為淡褐色至暗褐色而腐敗凋落。在被害組織上，形成多數灰白色至褐色毛狀的黴，是為本病的特徵。

病原： *Botrytis cinerea* Per. ex Fr.。

分生孢子梗著生於病斑表面的菌絲體上，大小約爲280-2000×12-24 μm，直立，叢生，其上有不規則的樹枝狀分枝，無色至淡灰色，成堆時成呈棕灰色。分生孢子著生於分生孢子梗及小枝頂端的膨大部分，聚生成葡萄狀，單胞，近無色，球形，梨形或橢圓形，大小約7-9.5×9-14 μm。

罹病植物： 杜鵑、楓香、桉樹等多種木本及草本植物。

發病生態： 本病發生於低溫潮溼的季節，在臺灣常發生於冬季及初春時節。灰黴病的發生，以苗圃及溫室較爲嚴重。本病之病原菌，爲多犯性之病原，寄主範圍廣泛，在臺灣除了爲害桉樹外，還能感染杜鵑、櫻花、楓香等100多種寄主植物。

防治方法： 由於本病可感染多種植物，同時一發病因爲溫溼度條件合適可以快速擴散，防治上需連同周圍的植物一同防治。在移除受感染的植物或是組織後，進行噴藥。防治藥劑可以參考植物保護手冊所推薦登記之藥劑。

79

80

81

⑦⑨ 桉樹灰黴病
⑧⑩ 桉樹灰黴病
⑧① 櫻花灰黴病

38. 臺灣欒樹鏽病（Rust of flame goldrain tree）

病徵： 本病主要為害葉片，在葉片上下表面形成橙黃色至橙紅色，粉狀的夏孢子堆，主要形成在下表面較多，直徑0.2～2mm。有時在秋冬之際，也可形成黑褐色至黑色粉狀的孢子堆，此即為病原菌的冬孢子堆。

病原： *Nyssopsora formosana*（Sawada）Lutzeharms.。
夏孢子堆散生或聚生於葉表面，赤橙色直徑01.-0.5mm。夏孢子卵狀，大小約17-21×16-19 μm，表面有細刺狀突起，赤橙色內含有油滴；冬孢子堆黑色，冬孢子倒三角球狀，三胞，黑色到暗褐色不透明，大小約26-28×27-29 μm。

罹病植物： 臺灣欒樹。

發病生態： 本病為臺灣欒樹常見病害，密植及遮陰有利於本病之發生。

防治方法： 本病在臺灣欒樹上常見，對造林地或是公園，行道樹的欒樹影響不大，但對苗木的生長影響較大，本病目前無正式推廣的防治方法及藥劑。在新植區，應禁止帶入病苗。有防治必要的狀況下應在發病初期，參考植物保護手冊其他作物鏽病推薦用藥進行可噴施防治之。

㉒ 臺灣欒樹的鏽病在葉面上發生情形，黃橘色點即為夏孢堆（紅色箭頭所示）
㉓ 臺灣欒樹鏽病在葉背上之病徵黑點部分為冬孢子堆（紅色箭頭所示）

39. 桂花炭疽病（Anthracnose of sweet osmanthus）

病徵： 本病主要為害葉片，起初在葉片形成褐色略近圓形小斑點，而後病斑逐漸擴大，同時中央部位褪色為灰白色，並有許多小點散生於其

上，病斑略呈圓形或橢圓形，直徑約7～15mm。

病原：*Colletorichum gloeosporioides* Penz.。

此病原眞菌在PDA及MEA上均能生長良好。於32℃不照光的條件下於PDA中菌落白色略帶有青黑色平鋪三日生長4.5cm。培養過程中病原眞菌會產生分生孢子盤（acervuli），分生孢子盤上長有數根黑褐色的剛毛（setae）。菌落中可看見分生孢子盤聚集而成黑色大小不一的粒狀。分生孢子成熟後，自分生孢子盤內溢出形成肉眼可見橘紅色的孢子泥（spore ooze）。分生孢子成短筒狀至長橢圓形，透明無色，常有油滴。大小約12-17×3-4.4μm。

罹病植物：桂花。

發病生態：本病爲桂花常見病害之一，但一般爲害並不嚴重，僅在局部地區發生較嚴重。植株密植、過度遮陰、枝葉過密、土壤貧瘠、潮溼等，有利於病害之發生。

防治方法：本病目前無正式推廣的防治方法及藥劑。防治方式以屬行田間衛生爲主。在新植區，應禁止帶入病苗。摘除及掃除病葉、落葉，集中燒毀。如育苗之桂花以扦插繁殖方式爲主，扦插繁殖用之採穗園，建議在未觀察到病徵時，採穗進行前1-2月，即參考植物保護手冊之其他作物炭疽病之推薦藥劑，以系統性殺菌劑對採穗母樹進行多次預防性的噴灑，以獲得較健康之插穗，降低本病在扦插苗圃的發生。發病嚴重時，可噴施殺菌劑以防治之。

⑧④ 桂花炭疽病於病斑處產生黑點（分生孢子盤）

40. 櫻花根腐病（Phytophthora root rot of Taiwan Cherry ）

病徵： 本病爲害根部及莖之地際部。被害根部首先出現褐色壞疽斑點，逐漸擴大以致整段根部漸漸變褐色腐敗。嚴重時，大部分根發生腐敗。有時從莖之地際部開始感染，造成莖之皮層腐敗，而造成環剝現象。被害植株之地上部，隨著根腐的發生，逐漸萎凋，終於導致整株植株枯死。

病原： *Phytophthora palmivora* Butler。

主要菌絲寬5-6 μm，菌絲膨大體（Hyphal swellings）缺，孢子囊頂生，卵形、倒梨形、橢圓形，頂端有半圓形增厚的乳突；厚膜孢子間生或頂生，球形，直徑約21-41 μm；藏卵器棕色，球形，直徑約26-45 μm，平均30 μm；卵孢子，直徑18-38 μm，一般21-31 μm，平均24 μm；藏精器，單細胞，由藏卵器底部穿生，大小約8-18×8-20 μm。

罹病植物： 櫻花及多種樹木及花卉。

發病生態： 本病原需要有游離水始能形成孢子囊，因此本病常發生於下雨多、土壤潮溼、排水不良之處。本病原之寄主範圍廣泛，在臺灣已知的寄主植物就超過20種以上，包括果樹、林木、花卉等。

防治方法： 本病目前無正式推廣之防治方法及藥劑。改善排水、避免土壤過度潮溼等有助本病之防治。

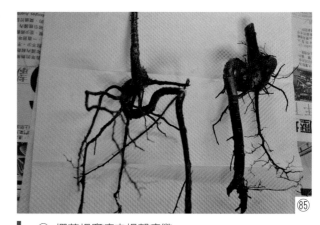

⑧⑤ 櫻花根腐病之根部病徵

41. 龍柏枝枯病（Twig blight of Dragon juniper）

病徵： 本病爲害枝梢及葉，被害梢部及葉變褐色枯死，後期轉爲灰褐色，在枯死枝條上生出許多粉紅色，球形或半圓球形之小點，直徑約1mm，此即爲病原菌之子囊盤。

病原： *Pithya cupressi* (Batsch. ex Fr) Rehm。

子囊盤群生，幾無柄，直徑3mm，子實層微下凹，外部黃色內部深桔紅色；子囊圓柱狀，基部細長195-230×9.5-11 μm；孢子8個，單行排列，球形，直徑9-11μm；側絲線形，有隔膜，長246-260μm，直徑2-3μm。

罹病植物：龍柏。

發病生態： 本病原菌在被害枝條上形成子囊盤，當下雨或潮溼時，即釋放出孢子，形成新感染。潮溼、密植、過度遮陰等，有利於病害之發生。

防治方法： 本病無正式推廣之防治方式。剪除發病枝，清除掉落枝枯枝，並集中燒毀，可減輕病害之發生。如發病嚴重，可噴施殺菌劑以防治之。

⑧⑥ 龍柏枝枯病病徵
⑧⑦ 龍柏枝枯病之子囊盤紅色箭頭所示

42. 竹黑腫病（Tar spot of Bamboo）

病徵： 本病感染葉片，最初在葉表面出現蒼白色小斑點，而後此斑點變成黃紅色。次年春季在斑點表面出現多數小黑點，而後癒合，成為圓形到橢圓形或紡垂形，稍微隆起於葉面的漆黑色子座，大小約1～2×1.5～3mm，其周圍仍呈黃紅色。葉面多數發生時，有時斑點互相癒合，而呈不規則形狀。被害嚴重時，葉片會變褐色枯死。

病原： 竹類黑腫病常見者有兩種。一種為*Phyllachora phyllostachydis* Hara，其寄主有：剛竹、石竹、桂竹、黑竹、裸籜竹、孟宗竹等。另一種為*Phyllachora shiraiana* P. Henn.，其寄主有：刺竹、火廣竹等。

發病生態： 本病好發於潮溼、陰蔽，以及缺乏管理之竹園。病原菌在病葉或落葉上過冬，待溫度適合，又有雨水或潮溼時，即釋放孢子，形成新的感染。

防治方法： 本病目前無正式的防治方法及藥劑。一般而言有經營管理的竹園，發病情形輕微，對竹材或竹筍的影響輕微，也無防治的需要。

▌ ⑧⑧ 竹黑腫病

43. 桃流膠病（Gummosis）

病徵： 本病主要感染枝條及主幹，最初在枝條或樹幹上出現小形的泡狀腫起，腫起部位中間之皮目會流出膠狀物質，初期為淡褐色透明，漸漸為黑褐色，而呈汙穢狀。最初僅在被害部位附近呈點狀出現，後逐漸增多並擴及其他枝條或主幹其他部位。如將膠質堆積物除去，其下組織呈水浸狀褐色，亦有樹脂分泌物，此壞疽部分可深及木質部。小枝被害時，有梢枯死亡現象，但通常仍能維持生長，只是植株會變衰弱。如發病嚴重，尤其是在環境因子惡劣，如溫度、水分等不利於樹

勢生長時，可導致枝條枯死，甚至全株死亡。

病原： *Botryosphaeria dothidea*（Moug.ex Fr.）Ces. & de Not.。

子座近圓形，直徑1-2 mm，相互癒合而成不規則。子囊殼直徑約250-300 μm，子囊棒狀，大小約85-110×18-22 μm。子囊孢子，雙排，橢圓形或倒卵形或近棒狀，大小約22-30×8-12 μm。

發病生態： 本病為低海拔地區常見之桃樹病害，不管是觀賞的桃樹或果樹，都會被害，也能感染蘋果及梨樹。流膠病在管理不善或排水不良的果園發生較為嚴重。本病之病原菌在已枯死之枝條或枝幹上越冬，但在臺灣，本菌終年皆可產孢。產孢及孢子分散與溫度及雨量有密切關係，病原菌在果園間之散播，主要是分生孢子靠雨滴之飛散。孢子發芽適溫為28-32℃，寄主表面需有水膜或相對溼度在96%以上。本病之新感染於春夏之際較多，顯示此時孢子之釋放較多，且氣候條件也適合病原之侵入寄主。

防治方法： 本病目前無正式推薦之防治方法及藥劑。下列措施可供參考：

(1)枯死或得病的枝條、樹幹應該予以修剪，並從果園中移除，或是燒毀，以避免成為傳染之來源。

⑧⑨ 桃流膠病之病徵
⑨⑩ 桃流膠病之病徵

(2)春季桃樹開始生長時，定期噴施殺菌劑，如鋅乃浦、鋅錳乃浦等，每兩週一次，連續4-5次。防治措施應自幼株開始，可保護以後之健康。

(3)對已罹病枝樹幹或大枝幹，可用刀將樹皮刮掉，再用殺菌劑處理，以抑制病原菌之蔓延及產孢。

44. 泡桐疫病（Phytophthora root rot and leaf blight of Paulownia）

病徵： 本病主要為害植株的根部及莖之地際部，有時也能為害苗木的葉片和嫩芽等地上部。為害地下部時，首先在根部或莖之地際部發生褐色水浸狀的病斑，逐漸擴大蔓延至整個根系或莖之地際部變褐色至暗褐色腐敗，而地上部的葉片則隨著病勢發展而逐漸呈現凋萎的現象，最後整株苗木枯死。為害葉片或嫩芽時，起初在被害部出現暗綠色或褐色水浸狀病斑，逐漸擴大，終至整個葉片或芽部變褐色至暗褐色枯萎，當環境適宜發病時，病勢常發展至莖部，以致於全株枯死。

病原：

(1)*Phytophthora palmivora* Butler。主要菌絲寬5-6μm，菌絲膨大體（Hyphal swellings）缺，孢子囊頂生，卵形、倒梨形、橢圓形，頂端有半圓形增厚的乳突；厚膜孢子間生或頂生，球形，直徑21-41μm；藏卵器棕色，球形，直徑26-45μm；藏精器，單細胞由藏卵器底部穿生，大小8-18×8-20μm。

(2)*Phytophthora parasitica* Dast.。主要菌絲寬5-13 μm，在水中菌絲膨大體呈多種形狀，一般球形直徑11-26μm，卵形或角形者其上常再生出菌絲。孢子囊頂生或間生，球形，卵形或倒梨形。厚膜孢子頂生或間生，球形或倒卵形，直徑18-39μm，黃色。藏卵器圓形，褐色，直徑18-41μm，卵孢子大小約16-35μm；藏精器，單胞，大小7-20×8-18μm。

罹病樹種： 泡桐、白桐、臺灣泡桐、日本泡桐等四種泡桐。

發病生態： 本病在土壤潮溼，排水不良以及雨量充沛的情況下容易發生。因疫病菌為土棲菌類，因此多半感染根部和莖的地際部。但是病原菌也可經由雨水飛機或澆水時濺起的水滴，而感染植株的葉片或嫩梢等

地上部。例如1975
年4～6月間，在林
試所碧山苗圃，即
因連續豪雨，而導
致許多泡桐苗木的
葉部及梢部受疫病
菌為害而枯死。

⑨ 泡桐疫病之病徵

防治方法： 本病目前無
正式推廣的防治方
法及藥劑。山坡地種植的泡桐，因排水良好，較少發生。苗圃的苗木經
營上以改善排水，避免積水可以減少本病的發生。另外可參考植物保護
手冊其他作物疫病推薦用藥，於育苗圃發生初期，緊急以藥劑防治之。

45. 羅漢松葉枯病

病徵： 本病主要為害植株的葉片，有時會由葉片蔓延到葉梗及小枝條。葉
片的的頂端或是側邊開始乾枯，形成葉斑，隨感染時間逐漸擴大到整
片葉片，導致葉片枯死。葉斑的兩面可以看到稍微隆起的黑色小點，
為病原菌的分生孢子盤，天氣潮溼或是下雨時孢子會溢出，形成孢子
泥然後隨雨水飛濺傳播。

病原： 主要的病原有*Collectotrichum* sp. ；*Gloeosporium* sp. ；*Pestolotia
shiraiana* P. Henn. *Pestaolotia podcarpi* Laughton ；*Phyllostica* sp.等病
原菌引起。雖然文獻指出部分病原菌所引起的葉枯病病徵上會有些許
差異，但是田間觀察上的差異甚微，須借重切片及顯微鏡等工具才
能判斷何種病原菌所引起。實務上Collectotrichum sp.；Gloeosporium
sp.所引起的葉枯病常被稱為炭疽病。病原性較*Pestolotia*及*Phyllosctica*
sp.強，後二者主要係從葉尖端及葉緣開始感染，而炭疽病菌則可直
接侵入感染。其中*Pestaolotia podcarpi*與*Pestolotia shiraiana*的分生孢
子形狀類似呈現紡錘形至長梭形，由5個細胞組成，中央三個顏色為
暗褐色或黑褐色，兩端細胞為透明無色，頂端具有2-3根鞭毛，基部

有一個短細無色的附屬絲，兩者差異*Pestolotia shiraiana*分生孢子較大約16-25×5-7μm；*Pestaolotia podcarpi*的分生孢子較小16.1-23.0×5.8-6.9 μm。中國大陸記載*Pestaolotia podcarpi*，臺灣則記載*Pestolotia shiraiana*，兩者以型態及大小非常接近似乎是同種異名。

罹病樹種： 小葉羅漢松、竹柏、蘭嶼羅漢松、大葉羅漢松等。

發病生態： 本病在天氣潮溼，修剪過後以及雨量充沛的情況下容易發生。可能與病原菌靠雨水飛濺或澆水時濺起的水滴，而感染植株的葉片或嫩梢等部位有關。

防治方法： 本病目前在臺灣無正式推廣的防治方法及藥劑。但是加強田間衛生，立即修剪病枯枝葉，集中燒毀，可以收到非常好的防治效果；另外降低氮肥施用，以土壤滴灌代替澆灌，避免密植以降低相對溼度對本病的發生亦有相當的控制效果。上述措施可以再輔以殺菌的施用，可收到更加的防治效果，中國推薦的施用在本病的藥劑有75%的四氯異苯晴、波爾多液及退菌特等。臺灣實務上常參考植物保護手冊推薦施用於果樹炭疽病的用藥作為防治藥劑使用。

⑨2 羅漢松葉枯病之病徵

46. 雞蛋花銹病（Plumeria Rust）

病徵： 本病為害葉片，在葉片上下表面形成黃色至黃褐色，粉狀的夏孢子堆，主要形成在下表面較多，直徑0.2～2mm。逐漸蔓延到全葉，嚴重時引起落葉。有時在秋冬之際，也可形成黑褐色至黑色粉狀的孢子堆，此即為病原菌的冬孢子堆。

病原： *Coleosporium plumeriae* Pat。

夏孢子堆散生或聚生於葉表面，黃色至黃褐色，直徑約01.-0.5mm；夏

孢子倒卵狀，大小約25.2-36.4×13.9-18.9 μm，表面有瘤狀突起，內含有油滴。

罹病植物： 雞蛋花。

發病生態： 本病為雞蛋花常見病害，密植及遮陰有利於本病之發生。常發生在秋季或是初春，夏季則發生教不嚴重。

防治方法： 本病目前無正式推廣的防治方法及藥劑。在新植區，應禁止帶入病苗。一般對樹木生長影響較小，但是對苗木或是幼木影響較大，有防治需求時，應在發病之初，參考植物保護手冊其他作物銹病推薦用藥，加以防治之。

⑨⑶

⑨⑷

⑨⑶ 雞蛋花銹病葉背之病徵
⑨⑷ 雞蛋花銹病葉面之病徵

47. 筆筒樹萎凋病（Wilt of tree fern）

病徵： 本病為害樹蕨類的頂芽為主，以筆筒樹最為常見。發病初期，頂芽外圍伸展出的部分葉片呈現缺水、不具生氣，然後逐漸枯萎，枯萎的葉片逐漸增多且蔓延到整株的筆筒樹，此時筆筒樹的頂芽已經開始腐敗。此與正常的筆筒樹葉片老化脫落不同，正常的脫落發生在外圍老熟的葉片。

病原： *Ophiodiaporthe cyatheae* Y.-M. Ju, H.-M. Hsieh, C.-H. Fu, C.-Y. Chen & T.-T. Chang。子座可以在PDA培養基上產生，大小直徑約0.55-1.10 cm，半埋入基質，可分成兩層，外層黑色質地堅硬，厚度約50–140μm；內層灰至白色，由充滿薄壁的菌絲交錯組成。內含1到數個子囊殼。口孔黑色，外表平滑，圓柱形，長1.5–3.5 mm，直徑0.1–0.2 mm；子囊長矩圓形或近紡錘形，大小約49–56μm×9.5–12μm，具有8個子囊孢子。子囊孢子平滑透明，雙胞，在隔膜處略顯溢縮，近橢圓形，大小約8–11（–12）μm×4–5μm；側絲圓柱形，上端略尖，具隔膜，寬約5–8μm。分生孢子腔埋藏在子座內，分生孢子梗濃密的排列在分生孢子腔中，透明到灰褐色，平滑，雙分叉，基部寬約2.5–3.5μm。分生孢子平滑透明，球形或是近球形，直徑約6.0–7.5μm

罹病植物： 筆筒樹。

發病生態： 本病在臺灣發病常在夏季天氣炎熱的時候，但是依據推測應該是在前一季或前一年筆筒樹即遭受感染。初期遭受感染的筆筒樹並不會立刻產生病徵，隨著感染的組織越來越多，加上夏季高溫水分蒸散快速，病徵開始明顯。病原菌的有性或是無性的孢子產生時皆形成黏稠狀的孢子泥，短距離擴散可以靠飛濺感染，但是長距離的感染可能需要有效率的媒介昆蟲參與。

防治方法： 本病目前無正式推廣的防治方法及藥劑。發病區域內的筆筒樹應避免往外移動，同時病區應進行田間衛生工作。田間衛生工作主要靠發病植株的快速移除。

⑨ 筆筒樹萎凋病病徵
⑨ 筆筒樹萎凋病嚴重發生讓許多筆筒樹呈
　現缺少樹冠僅存樹幹的情形
⑨ 罹病之筆筒樹樹幹切面發現感染部位呈
　現水浸狀。

48. 麵包樹輪斑病（Zonate leaf spot of Artocarpus altilis）

病徵： 本病主要爲害葉片。被害初期在葉片上出現細小的褐色水浸狀斑
點，隨後迅速擴大成爲略呈圓形或不規則形的病斑，呈灰褐色或灰白
色，乃至灰綠色，病斑常呈現顏色深淺不同之同心輪之輪紋狀，故本
病被稱爲輪斑病。有時輪紋並不清楚，而呈現較淺的灰褐色或灰白
色，故本病又稱爲灰斑病。在氣候條件適合下，病斑蔓延訊速，在3-5
天內，便可擴展至整個葉片。被害葉容易掉落，因此發病時，常可見
到樹下落葉滿地。溼度高時，在病斑上常可見到許多灰白色一根根直
立的毛狀物，此即病原菌之分生孢子梗。有時在被害部位表面有白色
菌絲團形成，病逐漸發展而形成黑色的菌核。

病原： *Criestulariella moricola* Redhead（＝ Sclerotium cinnamomi
Sawada）。在病斑上生出孢子束，最初爲針頭狀小芽體，然後伸長爲
節狀，尖端分叉，最後形成尖塔狀的孢子束，大小約450-600×110-
140μm。孢子束上又長出許多疣狀小突起，小突起上再生小柄，其上

生有小孢子。小孢子圓形，無色，大小約2-3μm，小孢子不發芽。在病斑上沿葉脈產生菌核，初白色後轉黑色，小顆粒，大小2-5 mm。菌核經低溫休眠，生出形如漏斗狀的子囊盤，其上著生子囊，子囊長細圓筒狀，大小133-150×6-8μm。子囊孢子無色，橢圓形，大小約10-12×4-5μm，側絲細長大小128-190×4.4μm。

寄主植物： 樟樹、楓香、山黃麻、牛乳榕、羊蹄甲等多種闊葉樹及印度棗；葡萄等果樹。

發病生態： 本病之病原為一寄主範圍廣泛之病原菌，在臺灣有數十種以上之寄主植物，包括闊葉樹及一些草本植物。病原菌偏好低溫、高溼及日照少的環境。所以本病主要發生在比較潮溼的山區，發生時期主要在冬季及春季。

防治方法： 麵包樹目前無經濟栽培，本病對麵包樹的生長影響不大，僅育苗場發生時對苗木的生長影響較大。苗圃育苗時，發現有少數病葉，即應摘除燒毀之。病害發生時，噴施50%免賴得可溼性粉劑（Benomyl）1500-3000倍液，每週施藥一次，直到病害完全抑制為止。

⑱ 麵包樹輪斑病葉片之病徵

49. 牛樟輪斑病（Zonate leaf spot of *Cinnamomum kanehirae*）

病徵： 本病主要為害葉片。被害初期在葉片上出現細小的褐色水浸狀斑點，隨後迅速擴大成為略呈圓形或不規則形的病斑，呈灰褐色或灰白色，乃至灰綠色，病斑常呈現顏色深淺不同之同心輪之輪紋狀，故本病被稱為輪斑病。有時輪紋並不清楚，而呈現較淺的灰褐色或灰白色，故本病又稱為灰斑病。在氣候條件適合下，病斑蔓延訊速，在3-5天內，便可擴展至整個葉片。被害葉容易掉落，因此發病時，常可見到樹下落葉滿地。溼度高時，在病斑上常可見到許多灰白色一根根直

立的毛狀物，此即病原菌之分生孢子梗。有時在被害部位表面有白色菌絲團形成，病逐漸發展而形成黑色的菌核。

病原： *Hinomyces moricola*（=*Criestulariella moricola* Redhead=*Sclerotium cinnamomi* Sawada）。在病斑上生出孢子束，最初爲針頭狀小芽體，然後伸長爲節狀尖端分叉，最後形成尖塔狀的孢子束，大小約450-600×110-140μm，孢子束上又長出許多疣狀小突起，小突起上再生小柄，其上生有小孢子，小孢子圓形無色，大小2-3μm，小孢子不發芽。在病斑上沿葉脈產生菌核，初白色後轉黑色，小顆粒大小2-5mm。菌核經低溫休眠，生出形如漏斗狀的子囊盤其上著生子囊子囊長細圓筒狀大小133-150×6-8μm子囊孢子無色橢圓形大小10-12×4-5μm，側絲細長大小128-190×4.4μm。

寄主植物： 樟樹、楓香、山黃麻、牛乳榕、羊蹄甲等多種闊葉樹及印度棗；葡萄等果樹。

發病生態： 本病之病原爲一寄主範圍廣泛之病原菌，在臺灣有數十種以上之寄主植物，包括闊葉樹及一些草本植物。病原菌偏好低溫、高溼及日照少的環境。所以本病主要發生在比較潮溼的山區，發生時期主要在冬季及春季。

防治方法： 危害牛樟苗圃時會造成大量的葉片掉落，嚴重影響到苗木的品質，當發現有少數病葉時，即應摘除燒毀之。病害發生時，噴施50%免賴得可溼性粉劑（Benomyl）1500-3000倍液，每週施藥一次，直到病害完全抑制爲止。

▌ ⑨⑨ 牛樟輪斑病之病徵

⑩ 病斑上生出孢子束
⑩ 菌核

50. 沉香樹輪斑病（Zonate leaf spot of agarwood）

病徵： 本病主要為害葉片。被害初期在葉片上出現細小的褐色水浸狀斑點，隨後迅速擴大成為略呈圓形或不規則形的病斑，呈灰褐色或灰白色，乃至灰綠色，病斑常呈現顏色深淺不同之同心輪之輪紋狀，故本病被稱為輪斑病。有時輪紋並不清楚，而呈現較淺的灰褐色或灰白色，故本病又稱為灰斑病。在氣候條件適合下，病斑蔓延訊速，在3-5天內，便可擴展至整個葉片。被害葉容易掉落，因此發病時，常可見到樹下落葉滿地。溼度高時，在病斑上常可見到許多灰白色一根根直立的毛狀物，此即病原菌之分生孢子梗。有時在被害部位表面有白色菌絲團形成，病逐漸發展而形成黑色的菌核。

病原： *Hinomyces moricola*（=*Criestulariella moricola* Redhead=*Sclerotium cinnamomi* Sawada）。在病斑上生出孢子束，最初為針頭狀小芽體，然後伸長為節狀，尖端分叉，最後形成尖塔狀的孢子束，大小約450-600×110-140μm。孢子束上又長出許多疣狀小突起，小突起上再生小柄，其上生有小孢子，小孢子圓形無色大小2-3μm，小孢子不發芽。在病斑上沿葉脈產生菌核初白色後轉黑色小顆粒大小2-5mm。菌核經低溫休眠，生出形如漏斗狀的子囊盤，其上著生子囊，子囊長細圓筒狀，大小133-150×6-8 μm。子囊孢子，無色，橢圓形，大小10-12×4-5μm，側絲細長，大小128-190×4.4μm。

寄主植物：樟樹、楓香、山黃麻、牛乳榕、羊蹄甲等多種闊葉樹及印度棗；葡萄等果樹。

發病生態：本病之病原為一寄主範圍廣泛之病原菌，在臺灣有數十種以上之寄主植物，包括闊葉樹及一些草本植物。病原菌偏好低溫、高溼及日照少的環境。所以本病主要發生在比較潮溼的山區，發生時期主要在冬季及春季。

防治方法：因沉香為引進之熱帶樹種，本病對沉香樹木的危害甚大，較大的沉香植株會大量落葉，小株的沉香甚至會引起枯萎死亡，發現有少數病葉時，即應摘除燒毀之，同時噴施50%免賴得可溼性粉劑（Benomyl）1500-3000倍液，每週施藥一次，直到病害完全抑制為止。

⑩ 沉香輪斑病
⑩ 沉香輪斑病病葉上產生黑色菌核

51. 木芙蓉白粉病（Powdery mildew of cottonrose）

病徵： 本病主要為害葉片和葉柄，在葉片上下表面發生白色粉末狀病斑，
初呈圓形，逐漸擴張至全葉面，或僅葉片之一部分，被害部表面為白
菌絲和白粉狀的分生孢子所覆蓋，同時被害部褪色呈黃綠色至黃色，
最後葉片枯萎掉落。

病原： *Sphaerotheca fusca*（Fr.）Blumer。

平鋪於葉的表面生長菌絲無色透明，有隔，寬約6-10μm。分生孢子梗
直立，圓柱狀，基部稍寬，大小約28-120×10-13μm。分生孢子橢圓形至
矩圓形，無色，大小約26-45×13-24μm。子囊殼表生、球狀、褐色直徑
約70-120μm；子囊無色、橢圓形至長橢圓形、大小約63-98×46-74μm，
內含8個子囊孢子；子囊孢子單胞、無色、橢圓形至長橢圓形，大小約
15-26×13-17μm。

罹病植物： 木芙蓉。

發病生態： 本病主要感染葉片和葉柄，尤其在幼苗期及幼樹期最容易發生。
苗木栽植過密，或通風不良，發病最重。在冷涼之季節發病較多在，平
地及較低海拔之山地，其主要發病時期在每年之秋天至第二年之春天。

防治方法： 本病目前無法正式推廣之防治方法。一般觀察在校園、公園
及庭園樹之木芙蓉遭受危害程度輕微似乎沒有防治的必要。主要是苗
期階段及剛出栽種植的苗木受影響大，苗木一觀察到發病立即噴施殺
菌劑（參考植物保護手冊果樹白粉病用藥），每7-10天一次，連續2-3
次，即可達到良好的防治效果。

⑩④ 木芙蓉白粉病之病徵
⑩⑤ 木芙蓉白粉病葉背之病徵

52. 銀杏葉斑病（leaf blight of Ginkgo）

病徵： 本病主要爲害葉片。被害初期在葉片邊緣出現褐色、紅褐色或黃褐色的扇形或角形的病斑，嚴重時擴大到全葉或是葉的大部分，病斑周圍常有黃暈，嚴重時令葉子提早掉落。

病原： 臺灣發現的造成銀杏葉枯病的病原似乎有幾種，分別爲銀杏盤多毛菌*Pestalotia gikgo*,炭疽病菌*Collectotrichum* sp.及銀杏葉點黴菌*Phyllostica ginkgo* Brum。在病斑的外觀似乎很難區分何種病原菌所引起。

寄主植物： 銀杏。

發病生態： 銀杏爲落葉樹種，冬季時葉片掉落，病原菌殘存在落葉中。來年新生的葉片較少觀察到受感染，待夏季高溫及大風雨過後，本病發病明顯，可能病原菌的感染與雨水飛濺有關係。高溼及日照少的環境發病更爲嚴重。

防治方法： (1)落實田間衛生工作，發現有少數病葉時，即應摘除燒毀之。(2)苗圃避免高溼及遮陰，可以降低病害的發生(3)病害發生時，噴施50%免賴得可溼性粉劑（Benomyl）1500-3000倍液，每週施藥一次，直到病害完全抑制爲止。

⑩ 銀杏葉斑病

53. 羊蹄甲炭疽病（Anthracnose of Orchid Tree）

病徵： 本病主要爲害葉片，但是枝條及果莢亦可受其感染。被害初期在葉片出現褐或黑色小點，逐漸擴大成近圓形到不規則大斑點，病斑周圍常有黃暈，病斑中央呈現灰白色、灰褐色黑褐色，有時擴大到枝條，讓枝條乾枯，同時令葉子提早掉落。

病原： 炭疽病菌*Collectotrichum gloeosporioides.*。

寄主植物： 可感染上千種的寄主植物。

發病生態： 病原菌殘存在落葉或病枝條中越冬。病原菌藉由雨水飛濺感染，所以感染常從下位葉開始。高溫高溼及日照少的環境發病嚴重。

防治方法： (1)落實田間衛生工作，發現有少數病葉時，即應摘除燒毀之。(2)苗圃避免高溼及遮陰，適度修剪降低相對溼度，可以降低病害的發生(3)病害發生時，可參考果樹炭疽病用藥，每週施藥一次，直到病害完全抑制為止。

⑩⑦ 羊蹄甲炭疽病之病徵

54. 狹葉十大功勞炭疽病（Anthracnose of *Mahonia fortunei* (Lindl.) Fedde）

病徵： 本病主要為害葉片。被害初期在葉尖及葉緣出現褐色焦枯，逐漸擴大到全葉或葉的大半，後期病斑出現小黑點即為分生孢子盤。

病原： 炭疽病菌*Collectotrichum gloeosporioides.*。

寄主植物： 寄主範圍廣泛，除狹葉十大功勞外，可感染上千種的植物。

發病生態： 病原菌殘存在病葉或落葉中，成為來年的感染源，主要靠雨水飛濺傳播，夏季高溫及大風雨過後本病發病明顯。高溼及日照少的環境發病更為嚴重。

防治方法： (1)落實田間衛生工作，發現有少數病葉時，即應摘除燒毀之。(2)苗圃避免高溼及遮陰，可以降低病害的發生。(3)病害發生時，參考植物保護手冊其他作物炭疽病推薦用藥，例如噴施50%免賴得可溼性粉劑（Benomyl）1500-3000倍液，每週施藥一次，直到病害完全抑制為止。

⑩ 十大功勞炭疽病

⑩ 十大功勞炭疽病

⑩ 狹葉十大功勞炭疽病

⑪ 狹葉十大功勞炭疽病

⑫ 十大功勞炭疽病葉面病徵

⑬ 十大功勞炭疽病葉背病徵

55. 狹葉十大功勞白粉病（Powder mildew of *Mahonia fortunei* (Lindl.) Fedde）

病徵： 本病主要爲害葉片，也危害嫩梢及幼枝。葉片正反面都會出現白色粉狀物，後期白色粉斑中央出現黃色小點逐漸擴大，加深成爲深褐色。白色粉層最後消失病葉變枯萎。

病原： *Microsphaera* sp.

寄主植物： 狹葉十大功勞。

發病生態： 常發生在初春及入秋涼爽的季節，遮蔭密植的情況下發病較爲嚴重。

防治方法： 目前並無推薦藥劑可供使用，避免遮蔭及加強通風可以降低本病的危害，若有施藥防治的需求可參考果樹白粉病用藥噴灑防治之，在發病初期使用，可以有效控制本病的發生或降低發生的嚴重度。

⑭ 狹葉十大功勞白粉病之病徵
⑮ 狹葉十大功勞白粉病之病徵

56. 竹類簇葉病（Witches' broom of bamboo）

病原： *Aciculosporium take* Miyake

本病原屬子囊菌，病菌在病枝梢形成白色米粒狀之假子座，假子座由菌絲和寄主組織組成。子座內產生大量分生孢子。分生孢子無色，細長，3個細胞，大小37-58×2-2.5 μm，兩端有兩次雙叉狀。有性世代約在5-7月間產生，子囊孢子無色，細長，大小220-224×1.2-1.8μm。

病徵：發生初期，少數枝條發病，病枝不斷延伸成多節細長之蔓枝，枝上有鱗片狀小葉，側枝叢生如鳥巢狀，或成團下垂。每年春夏間，病枝梢葉鞘內產生白色米粒狀子座。病竹生長衰弱，筍減少，嚴重發病竹林常因此衰敗。

發生生態：病原菌的傳播與感染，仍不清楚。可能由分生孢子為主要傳染源。病害的發生嚴重度常和竹林的撫育管理程度有關，撫育管理不良，生長細弱的竹木容易發病。

防治方法：

1.厲行田間衛生工作及時砍除病枝，集中燒毀或移除以降低感染源。

2.加強竹林撫育管理，定期施肥，促進新竹生長，按期砍伐老竹。

3.因竹林主要生長於山地，基於安全及生態考量，不建議施用農藥。

常見寄主植物：多種散生形竹類，如桂竹、孟宗竹、烏竹、方竹。

⑯ 竹簇葉病病徵
⑰ 竹簇葉病之子囊果（紅色箭頭）

57. 楠木銹病（Rust of *Machilus*）

病原菌：*Aecidium machili* P. Henn.

本病原菌屬於擔子菌，在寄主植物上可形成銹孢子，銹孢子球形至多角狀，表面平滑，赤橙色，內含油狀物，大小28-32×25-28μm。

病徵：本病為害葉及莖部，病斑圓形擴大，其邊緣凹凸，波狀，大小不同，黃褐橙色，其周圍淡黃色，病斑上散生漆黑色之小點，其反面淡

紫褐色，散生許多銹子腔。幼嫩枝條或是葉片受感染後常扭曲或是膨大變形。

發生生態：仍不清楚，本病主要發生於冬、春季，高溼的環境。

防治方法：一般情況楠木銹病對成樹生長影響有限，故無特殊的防治需要。但是在苗木培育上，銹病的發生常影響苗木的正常生長，同時影響苗木的品質。故苗木的培養上成為重要的病害，除一般的栽培管理上的注意外，藥劑施用可參考植保手冊防治銹病的藥劑。

常見寄主植物：阿里山楠木、大葉楠、臭屎楠、紅楠、香楠。

⑪⑧ 楠木銹病
⑪⑨ 楠木銹病
⑫⑩ 紅楠銹病葉面病徵
⑫① 紅楠銹病葉背病徵

58. 土肉桂葉斑病（Leaf spot of Cinnamomum osmophloeum）

病原菌：可引起土肉桂葉斑病的病原菌有*Colletotrichum gloeosporioides*（Penz.）Sacc.、*Phoma multirostrata*（Mathur, Menon & Thirum）

Dorenbosch & Boerema.及*Diaporthe* sp.（無性世代：Phomopsis sp.）三種。

(1)*P. multirostrata*：在病葉上生長黑褐色的柄子器（pycnidia）。柄子器單生或成群，球形，次球形，瓶形或不規則形，褐色至黑色，其直徑可達450μm，一般介於150-350μm。分生孢子透明無色，平滑，單孢，平直，短柱形至近圓柱形，大小4.5-7×2-3μm。

(2)*C. gloeosporioides*：在病葉或偶而在小枝條上生長黑色的分生孢子盤（acervuli），其直徑約95-160μm。分生孢子盤上常生長數根黑褐色剛毛（setae）。分生孢子呈矩狀至長橢圓形，內含油滴，透明無色，大小為9.5-23×3-4.5μm。

(3)*Diaporthe* sp.：在病葉生長黑色的子座（stroma）。子座內可發現子囊座（ascoma）及柄子器。子囊座及柄子器具長柄。大小變化很大。子囊座及柄子器次球形，卵梨形至不規則形。子囊（asci）單層棍棒狀至柱形，非澱粉質，大小為6-8.5×30-37μm，每一子囊含有8個子囊孢子（ascospores）。子囊孢子透明，兩孢，隔膜在中間，隔膜處具隘縮或無，圓柱形至擬紡錘形，大小2.5-3.5×8.4-11.2μm。其無性世代為*Phomopsis* sp.具有兩類型的分生孢子，一為β分生孢子，透明，絲狀，直立或微彎曲，不具隔膜；另一為α分生孢子，紡錘形至柱形內有一至二個油滴，透明無隔膜，大小2-2.5×5-8μm。

病徵： *C. gloeosporioides*引起之葉斑病：本病主要為害葉片，也經常可在小枝條上發生但病徵不明顯。為害初期，在葉片之葉緣或葉尖等部分發生褐色小點，然後逐漸擴大成近圓形至不規形的大型病斑。病斑邊緣呈深褐色，老舊部位褪色至淡灰褐色與灰白色，病斑上也常呈多層之輪紋，上面有許多黑色小點，此為病原菌的分生孢子盤（acervuli）。

*Phoma multirostrata*引起之葉斑病：本病為害葉片。為害初期在葉片上分布很多黃褐色小斑點，病斑多為圓形，隨著病害之發展病斑可逐漸擴大，但速度相當緩慢。病斑也常出現在葉緣。老熟病斑常發現黑色

小斑點，此爲病原菌的柄子器（pycnidia）。

Diaporthe sp.引起之葉斑病：本病除爲害葉片外也偶可在枝條上，但病徵不明顯。本病的病徵與炭疽病非常類似，很難以肉眼加以區別。一般從葉緣和葉尖或少部分從葉中間開始發病。首先爲褐色小斑點，然後逐漸擴大，嚴重時數個發病點互相癒合使全葉或大部分之葉緣完全受害。新鮮病斑邊緣呈深褐色，老病斑處褐色至淡褐色與灰白色，上面有許多黑色小點爲病原菌之柄子器，*Diaporthe* sp.引起之葉斑常形成輪紋。

發生生態：根據田間的觀察，土肉桂葉斑病一般只是零星發生在較幼嫩的葉片及小枝條上，發病速度相當緩慢，並不嚴重也不是很重要的病害。但他們對土肉桂之生育影響情形並不清楚。一般發生在溫暖潮溼及通風不良的環境。如以密植供應採集土肉桂枝葉，再加上氣候適合發病，此三種病害可能具有潛在的威脅性，因此在栽培時宜加以考慮本病害的潛在威脅性。另外提供插穗之採穗母樹對此病需特別加以防治，以能提供健康之插穗作爲扦插之用。

防治方法：

1.可參考植保手冊推薦於防治上述病原菌所引起之其他植物病害。

2.適度的修剪以防止葉片溼度過高，以降低病害的發生。

3.清除田間病株。

(122) 土肉桂炭疽病
(123) 土肉桂葉斑病

59. 月橘白粉病（Powdery mildew of common jasmin orange）

病原：*Oidium murrayae* cf. Hosag., U. Braun & Babindran.

本病原經觀察並未形成有性構造，菌絲在葉或嫩梢的表面輻射狀生長而形成白色的菌落，成熟時產生分生孢子梗及分生孢子，分生孢子呈長橢圓至長筒狀，大小11-14×6-8μm。

病徵：本病感染葉片上下表面及嫩梢等綠色部位，起初在被害部位出現略近圓形，由稀疏的菌絲所構成，呈白色的小斑點，病斑逐漸擴大，同時變為濃密，其表面生出白色粉狀覆蓋物，病斑常互相癒合而形成更大的病斑。危害嚴重時，葉片黃化而提早落葉。

發生生態：臺灣南北各地皆可發現此病的發生，主要發生在春，秋兩季溫度稍涼的時節，但隨海拔高度的差異，以致發生時間有所不同。

防治方法：修剪罹病植株，並將患病部位集中燒毀，以減少感染源。至於藥劑方面目前並無任何要藥劑被合法登記而可供推薦使用。可參考果樹白粉病的防治藥劑，如依瑞莫－菲克利混合劑或單劑，賽福座可溼性粉劑，芬瑞莫及克收欣等。

⑭ 月橘白粉病病徵
⑮ 月橘白粉病病徵
⑯ 綠籬用之月橘白粉病發病情形

60. 茶餅病（Blister blight disease of tea plant）

病原：*Exobasidium vexans* Mass

子實層爲擔子密生並列而成，擔子呈圓柱狀或棍棒狀，具有隔膜，大小爲49-150×3.5-6μm，頂端著生2或4個擔子梗，長3-4.5μm。擔孢子爲倒卵形至長橢圓形，無色，單胞，表面平滑，頂端圓頭，基部稍隘縮並呈鈍角，具有一個中隔，大小爲11-16×3.5-6μm。

病徵：本病只爲害茶的嫩葉、芽及幼梢。在嫩葉上時，病斑由葉片的邊緣、先端開始，初期爲淡綠、淡黃或粉紅色的針狀小點，隨後漸漸擴大成爲圓形，上表皮病斑凹陷而呈黃色水浸狀，葉背凸起如水腫一般呈白色扁半球狀，所以又叫水腫病，其上著生子實層，並且密生白色細毛。病斑的直徑約2-10mm，較大的病斑直徑可達15mm。成熟的子實層表面上佈滿白色粉末，爲其擔孢子。危害嚴重時，一片葉上會有數個病斑，病斑有時會相融合在一起，使葉片扭曲而導至全葉萎縮。發生於幼梢時，幼梢腫大彎曲，新芽往往生育受阻而枯萎。老病斑會褐變乾枯，甚至穿孔。茶餅病因侵害幼葉而危害劇烈，嚴重時影響茶葉的品質及產量。

發生生態：本病發生於冷涼、多霧、陰雨的季節，發生最厲害的時節大約是每年的4-6月，有時甚至到了10月還有發病，甚至在一年中持續的發病，確切發病月份因各地海拔氣候之不同而有別。本病的孢子是靠風傳播。在雨季、蔽蔭樹很密、山谷或日照較少，通風不佳且陰溼的茶園，都容易感染本病，應予注意。

防治方法：

1. 改善茶園環境，降低茶園溼度，增加日照時間及通風，以減少適合本病發生的環境，避免本病的發生。

2. 施用氮肥過多的茶樹易感染本病，肥料施用應注意肥料三要素的配合。

3. 藥劑防治：參考植物保護手冊用藥，任選下列一種藥劑防治：50%賜加落可溼性粉劑（Pyracarbolia）稀釋2000倍，發病初期每隔十

天施用一次，連續三次，採收前15天停止施藥。84.2 %三泰芬乳劑（Tridemorph）。稀釋2000倍，發病初期每隔十天施用一次，連續三次，採收前21天停止施藥。

其他寄主植物： 阿薩姆茶。

⑫ 茶餅病正面病徵
⑫ 茶餅病

61. 油茶餅病（Exobasidium gall of Camellia oleifera）

病原： *Exobasidium camellliae-oleiferae* Sawada

　　　為擔子菌，子實層厚約200μm，擔子（basidium）直徑為7-8μm，其頂端著生4個長3-4μm的擔孢子梗（sterigma）。擔孢子（basidiospore）呈短棍棒狀，直而稍微彎曲，無色、單胞、周圍平滑，含有細微顆粒體，擔孢子大小為12-24×5-8μm，發芽時先形成中隔，在兩端及細胞分隔處會發芽形成紡錘狀至桿狀小孢子，無色，單胞，邊緣平滑，大小約為5-10×1.5-3μm。

病徵： 感染新芽，造成感染部生長快速，嫩葉膨大變厚，厚度為一般正常葉的好幾倍，並呈略帶光澤的紅色。健全葉片會有2層柵狀組織，並含有大量葉綠體及油滴，病葉缺乏柵狀組織，全部被軟組織取代，缺乏葉綠體造成組織透明化，其細胞間間隙常有無色纖細的菌絲（直徑約1μm）存在。葉背表面2-4層細胞會脫落，甚至整個剝離，葉柄的細胞不會脫落，但會乾枯變褐色，在此2-4層細胞之下會形成子實層，覆蓋

其上的細胞脫落後便暴露出來，呈白色天鵝絨狀。

發生生態：在臺灣主要發生在4-7月間，8月以後則甚少被發現或者只能找到萎縮的子實層。

防治方法：目前並無任何要藥劑被合法登記而可供推薦使用。防治上建議如下：

1.剪除被感染部位，集中燒毀，以降低感染原。

2.改善種植環境，避免密植或適當修剪以減低環境溼度，增加日照時間及通風，來減少適合本病發生的環境，減免本病的發生。

3.施用氮肥過多易感染本病。肥料施用應注意肥料三要素的配合避免密植。

4.當有需要進行藥劑防治時可參考植物保護手冊茶餅病推薦用藥進行防治。

⑫ 油茶餅病之病徵。
⑬ 油茶餅病葉背病徵白色為產孢子實層。

62. 肖楠疫病（*Phytophthora* root rot of Taiwan incense cedar）

病原：*Phytophthora cryptogea* Pethybridge & Lafferty

本病原屬於卵菌，為異宗配合。游走子囊不具乳凸且不脫落，卵形至梨形，大小20-63×15-38μm。不形成厚膜孢子。具膨大菌絲。

病徵：本病原為害根及莖部，被害根部變褐色至暗褐色腐敗，莖之地際部

或地下之主根與細根同時被害。其皮層變暗色腐敗，其內之木質部也變褐色。被害植株的地上部生長不良，黃化萎凋，最後全株枯死。

發生生態：　本病害發生於黏質土壤及排水不良的環境。在潮溼的土壤可形成游走子囊並釋放游走子，隨流水傳播。砂質土壤則鮮見本病之發生。

防治方法：　一般出栽種植後進行疫病防治有相當的困難。故防治上以預防為原則。

(1)避免易積水處進行種植，特別是土壤黏稠又容易積水之水田進行種植。

(2)避開迎風面種植或是於迎風面設置防風林帶。迎風面因受風力搖晃的影響，種植初期因樹木體型小受風力影響小，樹木越大時越易造成根系受傷而感染。

(3)加強或改善種植地區的排水，避免積水。

(4)設置防風支架，避免樹木搖晃受損。

⑬⑪　肖楠疫病之病徵
⑬⑫　造林地肖楠受疫病之危害

63. 喜樹斑點病（leaf spot of Camptothecae tree）

病徵： 主要發生在葉部，病斑近圓形或不規則狀，寬1.5-8 mm，中央灰褐色，邊緣深褐色。葉片嚴重感染時會導致落葉。

病原： *Pseudocercospora camptothecae* Tai。

產孢於上葉表。子座寬可達57 μm，嵌入或半嵌於植物組織，灰褐色。分生孢子梗成密集束，橄欖褐色，筆直或略爲彎曲，不分支，略有小膨大，略成波狀，0-3個隔膜，近頂端漸窄，頂端略成截形，大小約35-65×3-4.5 μm。分生孢子半透明，棒狀至圓柱狀，彎曲，0-4個隔膜，基部有截形，大小約30-90×2.5-4 μm。

罹病植物： 喜樹。

發病生態： 本病在高溫多溼的條件下發病嚴重，分生孢子可藉風雨傳播。在苗圃或是密植的林區，發病會特別嚴重。

防治方法： 本病目前無正式推廣之防治方法及藥劑。移除病葉、避免密植、加強通風降低環境溼度可以降低本病的傳染。藥劑使用上可以參考植物保護手冊果樹柿角斑病之推薦藥劑防治之。

⑬ 喜樹斑點病之病徵

64. 茄苳圓星病（leaf spot of red cedar）

病徵： 主要發生在茄苳的葉片上，病斑圓形，初於葉片上表面呈現淡棕或淡紅色，後轉爲褐色到暗褐色斑點，周圍有紅暈，直徑約0.2–2公分。

病原： *Pestalotia bischoffia* Sawada。

病原菌在葉片病斑上產生柄子殼，分生孢子紡錘狀、略彎曲、4個隔膜、中央三個細胞呈黑褐色，大小11–13×4.7–6μm，頂端細胞無色，

大小約4-5×2.5–3μm，頂端著生3根纖毛，基部細胞寄不長三角形、無色，大小約6.5×7.5μm。

罹病植物： 茄苳。

發病生態： 本病為茄苳葉片上常見的病害，在管理不良不通風，潮溼的苗圃中發病會比較嚴重。成樹偶爾會發生，嚴重時會導致樹木落葉，但是對樹木的生長似乎影響不大。

防治方法： 本病目前無正式推廣之防治方法及藥劑。苗圃發生時摘除病葉，增加通風等有助降低本病之發生。若有必要使用藥劑時，可以參考植物保護手冊相關病害之推薦藥劑防治之。

⑬④ 茄苳圓星病葉面之病徵。
⑬⑤ 茄苳圓星病葉背之病徵。

65. 菩提樹黑腫病（Tar spot of botree）

病原： *Phyllachora repens*（Corda）Sacc.

子座生於黑色病斑葉表下，多腔。子囊殼半球形到扁球形，孔口不明顯，多緣絲（Periphyses），大小約167-273×270-400 μm。子囊殼內有絲狀側絲，側絲透明無有隔。子囊棍棒狀，短柄，大小約64-100×16-21μm。子囊具有8個子囊孢子，子囊孢子單孢，卵圓形，兩端圓鈍，大小約12-15×5.5-9μm。

病徵： 發病初期在菩提樹的葉片上可以觀察到少數黑色的小斑點，小斑點沿著葉脈蔓延，病斑上產生子囊殼，後期黑色的病斑長滿整個葉片，導致葉片容易脫落，造成大量落葉的情形。

發病生態： 病害常嚴重發生在秋季及春季兩個季節，入冬時病原菌在掉落的病葉上越冬，隔年春天，氣候適宜時由病斑上之子囊殼釋放出孢子，感染到菩提樹新長的葉片上。

防治方法： 本病並無推薦藥劑可供使用，一般而言對菩提樹的成樹僅造成大量落葉，天氣炎熱後病害逐漸減緩，並無防治上的需求。僅在春季菩提樹長出新葉後，造成大量落葉引發民眾的關心及疑慮，藥劑施用的經驗上波爾多液似乎可以達到相當好的效果。

⑬⑥ 菩提樹黑腫病葉面病徵
⑬⑦ 菩提樹黑腫病葉背面病徵

66. 麻竹銹病

病原： 竹銹病菌（*Dasturella divina* (Syd.) Mundkur & Kheswalla）

夏孢子堆主要在葉背表生隆起，沿著葉脈數個孢子堆呈條狀排列，其單獨的孢子堆為圓形或長橢圓形，長0.3-0.7 mm，呈黃褐色至褐色。夏孢子，黃褐色，倒卵形，單生，表面有刺狀物突起。側絲向內彎曲呈曲棍球棒狀。冬孢子堆較少見到，呈深褐色盾狀排列在葉背與夏孢子堆混生，冬孢子為單孢呈鏈狀，連接在冬孢子堆內。

病徵： 為害葉片或葉鞘等部位，初期在葉片上形成許多黃褐色或褐色小點，而後在葉背逐漸隆起為紡錘狀或長條狀的夏孢子堆，表面黃褐色粉狀物，即為銹病菌的夏孢子。有些夏孢子堆在末期會出現深褐色盾狀突起的小泡，乃是病原菌的冬孢子堆。竹子一旦感染銹病菌後，生長多少會受到影響，嚴重時葉片容易黃化落葉，造成竹筍產量降低。

發生生態： 病原菌是以夏孢子藉著風和雨水傳播，雖然會形成冬孢子，但由於臺灣氣候溫暖潮溼，夏孢子可重複感染竹類植物，故防治困難。

防治方法：

(1)調整栽培環境：雖然有多種的藥劑被推薦在作物銹病防治上，但是麻竹銹病並無推薦藥劑。有文獻指出發病初期選用「鋅錳乃浦」、「三得寧」或「三泰隆」等殺菌劑保護之。但是一般而言高溫多溼及通風不佳的環境有利於麻竹銹病的發生故避免密植、加大株距、

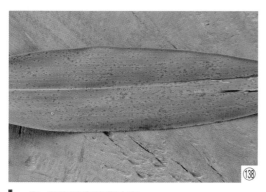

⑬⑧ 麻竹銹病葉背病徵
⑬⑨ 麻竹銹病葉面病徵。

修剪多餘枝條及加強培肥管理，可以有效地降低銹病的發生。

(2)砍除罹病枝葉，集中燒毀以降低竹林的感染源。

常見寄主植物：綠竹、刺竹、金絲竹和麻竹等。

67. 相思樹褐色膏藥病（Brown felt of Taiwan acacia）

病徵： 本病為害樹幹或枝條。在枝幹樹皮表面形成緻密的菌絲層，初呈淡紫色或褐色或深褐色，圓形，後逐漸擴大至呈圓形，橢圓形及至不規則形狀，有如貼附膏藥狀，中央部分較邊緣為厚，呈紫灰色至黑褐色。新形成的菌絲層表面平滑緻密，老菌絲層則表面龜裂而後剝落，露出黑褐色的裏層。被害枝條逐漸衰弱，終至枯死。

病原： *Septobasidium acacia* Sawada.。

由地衣狀膜層菌絲錯綜交纏組成的膏藥狀的結構，厚度約70-180μm，其內常有死亡的介殼蟲體崁鑲其中，菌絲黃褐色，寬度約3μm；原擔子球形到近球形，擔子著生其上，擔孢子長橢圓形至長倒卵狀，微彎到彎曲，無色透明，表面光滑大小18-22×3-6 μm。

罹病植物： 相思樹。

發病生態： 褐色膏藥病是相思樹枝幹上常見的病害，尤其是在過於密植鬱閉之處更為常見。本病是伴隨介殼蟲而發生的病害，嚴重為害時，被害枝條會逐漸衰弱，甚至於枯死。褐色膏藥病亦能感染桃、李、柑桔、苦楝、茶樹等多種樹木。

⑭ 相思樹褐色膏藥病

防治方法： 由於本病菌係寄生於為害樹木的介殼蟲身上，因此欲防治本病，應先防治介殼蟲。

68. 香杉苗根腐病（Root rot of *Cunninghamia lanceolata* var. *konishii* seedling）

病原： 依據罹病株分離培養經驗，引起香杉苗木根腐病之真菌以腐黴病菌類（*Pythium* spp.）及疫病菌類（*Phytophthora* spp.）為主。

病徵： 香杉幼苗未完全木質化時遭受這些病原菌感染即產生所謂猝倒病，但是木質化後遭受感染，則出現苗木營養不良的病徵，隨著根系受感染的量增加，病勢逐漸嚴重最後枯萎。

發生生態： 香杉苗木根腐病之發生與環境因子之關係非常密切。溼度為重要因子，一般土壤或空氣之溼度越大，病害發生越嚴重。以臺灣之氣候條件看來，雨量多而溼度高，對於幼苗猝倒病及苗木根腐病之發生最為有利，所以在一般之苗圃中，猝倒病及根腐病之發生都是在育苗時必須面對的一個問題。一般而言在酸性土壤發病較輕微。如果苗圃之土壤為黏重而含多量有機質之土壤時，較容易發生。苗圃之通風及排水不良，遮陰過度或常施用石灰、草火灰及未腐熟之有機肥等，也都有利於根腐病之發生，宜加以注意。

防治方法：

(1)慎選苗圃地。選擇土質疏鬆、空氣流通以及排水良好之處作為設置苗床之地，以減少病害之發生。

(2)改善苗圃管理。諸如：改善苗圃通風及排水設施，在苗床上覆蓋薄層不含木灰的砂或炭屑以幫助表面乾燥，注意遮陰的程度勿超過一半以上，調節播種的密度及深度，避免施用未腐熟之廄肥或過多之氮肥，避免苗床連作等，皆有助於減少病害之發生。

(3)經常發生之苗床可利用土壤燻蒸劑作土壤消毒。

(4)以殺菌劑之稀釋液澆淋於苗床土壤。一般參考植物保護手冊推薦水稻育苗箱秧苗立枯病用藥或其他相關病害用藥加以預防，常用之防治藥劑有滅達樂（Metalaxyl）、殺紋寧（Tachigaren）、地特菌（Terrazole）等。

(5)感染嚴重的苗木，出栽種植之存活率低，建議進行銷毀。

⑭ 香杉苗根腐感染嚴重苗木逐漸枯萎
⑭ 苗木剛開始受感染出現營養不良之病徵
⑭ 苗根腐病導致大部分根系腐敗沒有作用
⑭ 香杉苗木嚴重感染後枯萎

69. 側柏枝枯病（Dieback of Thuja orientalis）

病原： 在臺灣引起側柏枝枯病之病原菌大致有兩種分別是*Lasiodiplodia theobromae*（Pat.）Griffon & Maubl.及*Colletotrichum gloeosporioides*（Penz.）Sacc.皆屬於不完全菌。L. theobromae：柄子器直徑達5 mm。分生孢子成熟緩慢從無色薄壁到厚壁深褐色，中間有一隔膜，長紡錘形，大小20-30×10-15μm。C. gloeosporioides：黑色分生孢子盤直徑95-160μm，上面常長出數根至多根的黑褐色剛毛。分生孢子呈短筒狀至長橢圓形透明無色，常有油滴，大小9-24×3-4.5μm。

病徵： 本病原爲害地上部，包括葉片、枝條和主莖。發生於枝條和主莖，通常自頂端發病，初期受害枝葉出現稍微褪綠的狀態，葉片呈現不正常的淡綠色，最後全部枯黃。嚴重時枝枯或地上部枯死。病斑上常有

許多黑色小點，爲病原之產孢構造。

發生生態： *L. theobromae*及*C. gloeosporioides*普遍分布在全世界熱帶及亞熱帶爲重要植物病原。本病害發生於高溫高溼的季節。通常自內側通風不良的枝條爲害，嚴重時全株枯死。其主要靠分生孢子的飛散做長距離的傳播。

防治方法：

1.力行田間衛生工作，透過病枝葉的修剪及移除掉落的病葉來降低感染源。

2.完成田間衛生工作後，可參考植物保護手冊推薦於炭疽病的藥劑，進行噴藥防治之。

⑭⑤ 側柏枝枯病初期病徵部分的枝葉褪綠（紅色箭頭所示）
⑭⑥ 側柏枝枯病發生嚴重導致全株枯萎。

70. 牛樟炭疽病（Anthracnose of Cinnamomum kanehirae）

病原： *Colletotrichum gloeosporioides*（Penz.）Sacc.

本病原菌屬不完全菌，在病組織上之分生孢子盤呈黑色，直徑約95-160μm，具數根至多根的黑褐色剛毛。分生孢子呈短筒狀至長橢圓形，透明無色，常有油滴，大小9-24×3-4.5μm。

病徵： 本病原主要爲害地上部，包括葉片、枝條和主莖。爲害葉片時，造成黑褐色圓斑或不規則斑，嚴重時全葉枯萎脫落。發生於枝條和主莖時，導致黑褐色壞疽，嚴重時枝枯或地上部枯死。病斑上常有許多黑色小點，此爲病原菌的分生孢子盤（acervuli）。

發生生態：在溫暖潮溼的季節較易發生。其主要靠分生孢子的飛散作長距離的傳播。一般而言，炭疽病並不是造成木本植物致命之病原，但本病原在苗圃甚至於造林地常導致牛樟嚴重的死亡，是牛樟重要的病害之一。

防治方法：

1.力行田間衛生工作，減除受感染病枝葉，移除掉落病葉以降低感染源。

2.避免過度密植，適度修剪以增加通風，降低溼度，可減緩之嚴重度。

3.以植物保護手冊推薦於果樹炭疽病之用藥進行防治。

常見寄主植物：牛樟及多種植物。

⑭⑦ 牛樟炭疽病在苗圃發生情形
⑭⑧ 牛樟炭疽病之葉部病徵

71. 煤煙病（Sooty mold）

煤煙病又稱煤病，其病原菌係腐生於介殼虫、蚜蟲、木蝨等昆蟲的糞便或蜜露上，而在植物葉片上長出暗色的菌絲，因而影響植物葉片的光合作用。

病徵：本病主要發生於葉片上。起初於葉片上出現略近圓形的暗褐色或黑色菌絲膜，隨著面積擴大，會覆蓋住葉片大部分面積甚至整個葉片的表面，有時表面出現汙髒狀的小點。如果發生嚴重，可能造成葉片提早掉落，植株生長勢衰弱。

病原菌：由多種子囊菌及不完全菌引起。

發病生態：本病因係腐生於介殼虫、蚜蟲、木蝨等昆蟲的糞便或蜜露上，所以若無這類昆蟲，則不會誘發本病。煤煙病好發生於通風不良以及陰蔽的枝葉上。

防治方法：

1.本病防治之最好方法即是防治蚜蟲等昆蟲，讓這些以蟲的分泌物或是排遺為生的真菌無從增長。

2.避免密植並使通風良好，亦可減輕本病之發生。

⑭⑨ 月橘之煤煙病
⑮⓪ 仙丹花之煤煙病

72. 紫薇白粉病（Powdery mildew of crapemyrtles）

病徵：本病為害葉片和嫩梢等，初在葉表面產生白色到灰白色圓形的小斑點，逐漸擴大，病斑融合，最後使葉片整個表面被一層麵粉狀的白粉所覆蓋。新芽和綠色的嫩梢，病徵與葉片病徵相似。被害葉和嫩梢常皺縮變形，被害葉常提早掉落。被害嚴重時植株發育不良。

病原：*Uncinula austaliana* McAlpine。

子囊殼黑色，大小約90-125 μm，附屬絲有兩種一為長形，頂端呈鉤狀，另一為小型呈鐮刀狀，內含子囊3-5個。子囊梨形或近橢圓形，內含5-7個子囊孢子。

寄主植物：紫薇、九芎、大花紫薇。

發病生態：本病主要為害嫩葉及幼梢，尤其在苗期及幼樹期最易罹病。在

遮陰及通風不良處，發病最重。主要發病時期在每年之秋季至第二年之春季。

防治方法： 本病目前無正式推廣之防治方法。本病一般對行道樹或是公園景觀樹的影響較小，但是對苗木或是幼木生長影響較大，可在苗木剛發病時參考植物保護手冊果樹白粉病推薦用藥，每7-10天一次，連續2-3次，進行噴灑有較好的防治效果。

⑮1 紫薇白粉病病徵
⑮2 紫薇白粉病病徵

73. 桃縮葉病

病原菌： Taphrina deformans (Berk.) Tul

病徵： 主要為害葉片，偶爾感染果實。初期幼葉上一部分變紅，繼之肥腫，致使葉片扭曲變形，肥腫部分可占葉之一部分甚至超過大半，顏色有呈現粉紅，紅色、櫻紅色或黃綠色，後期肥腫部分表面出現白灰色或灰色粉狀物，是本菌之子囊孢子。最後葉變褐枯死。幼果被害時，果實停止發育，畸形，表面生有許多絨毛。低溫（15℃左右）多溼有利本病之發生，為中海拔地區桃樹之重要病害。

防治方法：

(1)厲行田間衛生工作、修剪病葉及枯枝。

(2)每年桃樹休眠期（12～2月）噴射波爾多液或石灰硫磺合劑一至二次。

(3)可參考植物保護手冊推薦藥劑防治如42.2%腈硫醌水懸劑
（Dithianon）、40%四氯異苯腈水懸劑、40%邁克尼可溼性
粉劑、5%菲克利水懸劑（Hexaconazole）、25%撲克拉乳劑
（Prochloraz）、80%得恩地可溼性粉劑等各種藥劑的施用方式及劑
量請參考各藥劑枋單之標示。

⑬ 桃縮葉病之病徵
⑭ 桃縮葉病之病徵

參考文獻

王炎（2007）。上海林業病蟲。上海：上海科學技術出版社，479頁。

行政院農業委員會農藥毒物試驗所（編印）（2012）。植物保護手冊。1079頁。

林納生、江濤、林維治、張添榮（1981）。臺灣竹簇葉病之調查與研究。中華林學季刊，14(1)：135-148。

柯勇、孫守恭（1991）。桃樹流膠病初步研究。植保會刊，33：434。

柯勇、孫守恭（1992）。Botryosphaeria dothidea引起之流膠病。植病會刊，1：70-78。

孫守恭（1992）。臺灣果樹病害。世維出版社，550頁。

張東柱、謝煥儒、張瑞璋、傅春旭（1999）。臺灣常見樹木病害。臺北：林業試驗所，204頁。

張東柱（1991）。*Calonectria kyotensis*引起牛樟扦插苗黑腐病。中華林學季刊，24(2)：111-120。

張東柱（1993）。三種土肉桂葉部新病害。林試所研究報告季刊，8：51-59。

張東柱（1994）。*Calonectria crotalariae*引起臺灣檫樹之黑腐病。林學季刊，27：15-22。

陳大武、羅清澤、李春祉（1963）。杉木幼苗立枯病之研究。農林學報，12：279-324。

陳大武（1962）。臺灣森林苗圃針葉樹幼苗之病害（一）。植保會刊，4：74-82。

陳任芳（2002）。桑椹膿果病之發生與防治。花蓮區農業專訊，42：10-11。

陳其昌（1968）。臺灣森林之傳染性病害調查（第5報）。植保會刊，10(4)：11-31。

陳其昌（1970）。臺灣竹類之新病害。臺大農學院研究報告，11(2)：101-112。

楊子琦、曹華國（2002）。園林植物病蟲害防治圖鑑。中國林業出版社，357頁。

萬家芝（1960）。恒春桃花木之Cander病害。林試所所訊，78：586-588。

農林廳（編印）（1998）。植物保護手冊。農林廳，734頁。

臺灣生命大百科 http://eol.taibif.tw/pages/143624

臺灣生命大百科 http://taibif.tw/zh/namecode/143773

趙佳鴻、沈原民、劉興隆、柯文華、白桂芳（2011）。中部地區麻竹病蟲害調查。臺中區農業改良場研究彙報，111：75-90。

劉嵋恩（1982）。臺北市花卉病害之調查研究。

澤田兼吉（1919）。臺灣產菌類調查報告第一編。150-159 頁。

澤田兼吉（1919）。臺灣產菌類調查報告第一編。186-191 頁。

澤田兼吉（1919）。臺灣產菌類調查報告第一編。臺灣總督府農事試驗場特別報告第 19 號，410-413 頁。

澤田兼吉（1919）。臺灣產菌類調查報告第一編。臺灣總督府農事試驗場特別報告第 19 號，695 頁。

澤田兼吉（1919）。臺灣產菌類調查報告第一編。臺灣總督府農事試驗場特別報告第 19 號：159。

澤田兼吉（1928）。臺灣產菌類調查報告第四編。臺灣中央研究所農事部報告第 35 號，108 頁。

澤田兼吉（1931）。臺灣產菌類調查報告第 5 編。臺灣中央研究所農事部報告第 51 號。

澤田兼吉（1931）。臺灣產菌類調查報告第五編。臺灣中央研究所農事部報告第 51 號，131 頁。

澤田兼吉（1931）。臺灣菌類調查報告第五編。臺灣中央研究部農事部報告第 51 號，131 頁。

澤田兼吉（1933）。臺灣產菌類調查報告第六編。臺灣中央研究所農事部報告第 61 號，99 頁。

澤田兼吉（1942）。臺灣產菌類調查報告第七編。臺灣農業部報告第八十三號。

澤田兼吉（1943）。臺灣產菌類調查報告。第 8 編，84 頁。

澤田兼吉（1943）。臺灣產菌類調查報告第八編。臺灣農業試驗所報告第 85 號，130 頁。

澤田兼吉（1944）。臺灣產菌類調查報告第十編。臺灣農業試驗所報告第 87 號，96 頁。

澤田兼吉（1944）。臺灣產菌類調查報告第十編。臺灣農試所報告第 87 號。

應之璘（1982）。森林病害。行政院科技顧問組植物保護聯繫協調小組報告：276-279。

謝文瑞、吳德強（1989）。臺灣原記錄之尾孢菌及其相關屬之訂正與新歸類。中菌會刊，4：9-41。

謝煥儒、曾顯雄、傅春旭、胡寶元、蕭祺暉（2002）。臺灣森林常見病害彩色圖鑑(2)。林務局，137頁。

謝煥儒（1979）。臺灣木本植物病害調查報告（二）。中華林學季刊，12(4)：91-97。

謝煥儒（1980）。臺灣木本植物病害調查報告（三）。中華林學季刊，13(3)：129-139。

謝煥儒（1981）。臺灣木本植物病害調查報告（四）。中華林學季刊，14(3)：77-85。

謝煥儒（1983）。臺灣木本植物病害調查報告（七）。中華林學季刊 16(4)：385-393。

謝煥儒（1983）。臺灣木本植物病害調查報告（六）。中華林學季刊 16(1)：69-78。

謝煥儒（1983）。臺灣地區泡桐病害之研究。林試所試驗報告第388號，24頁。

謝煥儒（1983）。臺灣植物白粉病之調查（一）。林試所試驗報告，383：1-14。

謝煥儒（1984）。臺灣木本植物病害調查報告（八）。中華林學季刊，17(3)：61-73。

謝煥儒（1985）。臺灣之重要森林苗圃病害。現代育林。1(1)：83-92。

謝煥儒（1985）。臺灣木本植物病害調查報告 (10)。中華林學季刊 18(2)：55-63。

謝煥儒（1986）。臺灣木本植物病害調查報告 (11)。中華林學季刊，19(1)：103-114。

謝煥儒（1986）。臺灣木本植物病害調查報告 (11)。中華林學季刊 19(1)：109-114。

謝煥儒（1986）。臺灣木本植物病害調查報告 (12)。中華林學季刊 19(3)：87-98。

謝煥儒（1987）。臺灣木本植物病害調查報告 (13)。中華林學季刊 20(1)：65-75。

B. Y. Hu , W. W. Hsiao, C. H. Fu. (2002). First Report of Zonate Leaf Spot of Artocarpus altilis Caused by Cristulariella moricola in Taiwan. *Plant Dis*. 86: 1179.

C. H. Fu and F. Y. Lin. (2012). First Report of Zonate Leaf Spot of Cinnamomum kanehirae Caused by Hinomyces moricola in Taiwan. *Plant Dis*.96: 1226.

Chaiwat To-Anun, Niphon Visarathanonth, Jintana Engkhaninu and Makoto Kakishima. (2004). First Report of Plumeria Rust in Thailand, Caused by Coleosporium plumeriae. The Natural History Journal of Chulalongkorn University 4(1): 41-46.

Chang, T. T. (1993). *Cylindroclaadium* and *Cylindrocladiella* species new to Taiwan. Bot. Bull. Acad. Sin. 34: 357-361

Chen, C. C. (1964-1968). Survey of epidemic diseases of ofrest trees in Taiwan I-V.

Chen, C. C. (1965). Survey of epidemic diseases of forest trees in Taiwan I. Bot. Bull. Acad. Sinica 6: 74-92.

Chen, C. C. (1967). Survey of epidemic diseases of forest trees in Taiwan II. Bot. Bull. Acad. Sinica 8: 130-148.

Fu CH, Hsieh HM, Chen CY, Chang TT, Huang YM, Ju YM. (2013). Ophiodiaporthe cyatheae gen. et sp. nov., a diaporthalean pathogen causing a devastating wilt disease of Cyathea lepifera in Taiwan. Mycologia. 105(4): 861-72.

Fu, C. H., Hsiao, W. W., and Yao, J. C. (2003). First Report of Anthracnose on Taxus mairei in Taiwan. Plant disease 87: 873.

Hsieh, H. J. (1978). Notes on new records of host plants of *Botrytis cinerea* Pers.ex Fr.in Taiwan. Plant Port. Bull. (Taiwan) 20: 369-376.

Hsieh, H. J. (1979). Notes on new records of host plants of *Botrytis cinerea* Pers.ex Fr.in Taiwan (II). Plant Port. Bull. (Taiwan) 21: 365-367.

Sawada, K. (1959). Descriptive Catalogue of Formasan Fungi, Part 11. Coll. Agr. National Taiwan Univ. Spec. Publ., No.8.

Sawada, K. (1959). Descriptive Catalogue of Formasan Furgi, Part 11. Coll. Agr., Nat. Taiwan Univ. Spec. Publ., No.8, 268 pp.

CHAPTER 13

木材腐朽

木材腐朽造成生產木材之林業經營上之損失，約占所有森林病害所造成損失之70%，所以木材腐朽是森林經營上的一個重大問題，也是森林病理研究上之一重要課題。木材腐朽的問題可以分成兩類，一爲生立木的木材腐朽，另一則爲砍伐後之木材及木材產品的腐朽。生立木的腐朽，一般爲心材腐朽（heartrot），其所造成砍伐下木材之損失超過其他原因，諸如：火災、昆蟲、氣候以及其他病害等所引起的損失。引起林地之木材砍伐發生損失之因子中，大約有1/3係由木材腐朽所造成。而木材產品之腐朽也是相當重要的，每年砍伐下的木材約有10%是用來替換因木材腐朽菌引起的木材朽壞。

除了林業上的木材損失外，木材腐朽也造成嚴重的社會問題。特別是都會區中，因爲木材腐朽導致樹木無預警傾倒、樹幹斷裂及樹枝掉落常讓校園、公園或是道路上的民眾受傷或是車輛房舍遭到損害。越是高度發展的都會區對於樹木木材腐朽的防治需求越是迫切。

一、木材腐朽的種類（Types of Wood Decay）

1. 心材腐朽及邊材腐朽（Heart root and Sap rot）

一般而言，在生立木之木材腐朽菌，多爲害木材之心材部位，稱爲心材腐朽，而在死樹及木材產品的腐朽則先爲害邊材部位，稱爲邊材腐朽。亦即木材腐朽依其發生的場所，可分爲心材腐朽及邊材腐朽兩大類。但有些菌能同時引起心材腐朽及邊材腐朽。或在某一寄主上形成邊材腐朽而在另一寄主可能引起心材腐朽。

2. 頂腐、幹（莖）腐、根腐及基腐（Top rot, Stem rot, Root rot and Butt rot）

在生立木之木材腐朽又依其在樹上不同部位，可分成發生於樹木頂端部位之頂腐（top rot）；發生於樹幹上之幹（莖）腐（stem rot）；發生於根部之根腐（root rot）；以及發生於接近地面之樹幹基部及根部之基腐（butt rot，簡稱莖基腐）。

實務上根腐菌及莖基腐菌引起的樹木病害通稱爲根基腐病（Root and butt rot）。大部分的根腐菌以腐生在樹木木材組織爲主，但當寄主樹木衰弱時，它們也會表現病原性並緩慢爲害活的樹皮組織，導致樹木慢性萎凋。慢性萎凋的根基腐病一般不易察覺，通常自感染樹木至樹木死亡需數年至數十年，一般與樹齡

有關，樹齡越大所需時間越長。在臺灣常見的樹木慢性萎凋病以靈芝類根腐菌（Ganoderma spp.）最常見（P252圖1～4）。另一部分根腐菌具有較強的病原性，它們不但可以腐朽木材組織，同時也會為害樹皮的活組織，造成邊材的輸導組織和樹皮環狀壞死，使樹木失去輸導功能，因而導致樹木急性萎凋。罹患急性萎凋根基腐病的樹木，初期地上部也不易出現病徵，但當樹木地上部出現黃化萎凋時，其根部已超過90%以上腐朽受害。現場觀察發現，自地上部出現黃化萎凋至樹木枯死，約數週至數年，樹齡越小枯死的時間越快。在臺灣，有害木層孔菌（*Phellinus noxius*）所引起的褐根病，是樹木急性萎凋病的典型代表（P252-253圖3～7）。罹患急性萎凋和慢性萎凋的樹木，其樹根及莖基部的木材均遭根腐菌腐朽，因而失去物理支撐機械力，容易風倒及受其他外力倒伏。在公共場所，常常看到外表枝葉茂盛而倒伏的樹木，它們都是因為其根部或莖基部已被根腐菌為害。因此，公園樹、學校樹及行道樹如感染根腐菌，常被稱為「危險樹木」，因為它們可能在無預警情況下倒伏，引發公共危險的可能性。這些危險樹木如仔細觀察，仍可以提早看出端倪，因為感染根腐菌的樹木其根部及莖基部常會生長腐朽菌的菇體，地上部的枝葉有時也會比正常的樹木稀疏或顏色較淡。因此，如果在公共場所的大樹發現這些現象，就要對它們特別小心，因它們可能在無預警下倒伏。

木材腐朽菌除為害根部及莖基部的根腐菌外，還有部分的木材腐朽菌為害樹幹的木材，這類腐朽菌稱為莖腐菌。一般而言，莖腐菌的病原性比根腐菌還弱，大多腐生於樹木地上部的木材部位，不會為害樹木的活組織，也因為莖腐菌沒有病原性，必須經由地上部樹幹或枝條的傷口感染樹木。因莖腐菌是為害木材組織，受其為害的樹幹也會失去物理支撐機械力，容易因外力而折斷。莖腐菌多僅為害地上部樹幹，其子實體也多在離基部較遠的地上部樹幹形成。換言之，在樹幹上形成子實體的木材腐朽菌，通常對樹木不具病原性或僅具有弱原性。相對地，在根部或莖基部形成子實體的木材腐朽根腐菌、對樹木多具有病原性。

臺灣常見的根腐菌（Root decay fungi）和莖腐菌（Stem decay fungi）及危害的部分整理如表13.1。

表 13-1　臺灣常見木材腐朽菌的種類，及根據其為害樹木組織的位置分為根腐菌與莖腐菌，通常根腐菌較具病原性，對樹木的傷害較大。

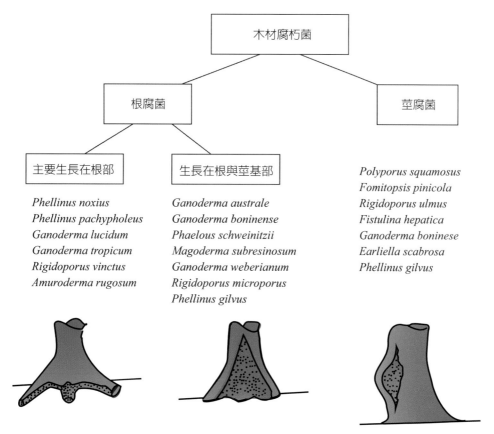

木材腐朽菌

根腐菌　　　　　　　　　　　　　　　　　莖腐菌

主要生長在根部　　　生長在根與莖基部

Phellinus noxius　　　　*Ganoderma australe*　　　*Polyporus squamosus*
Phellinus pachypholeus　*Ganoderma boninense*　　*Fomitopsis pinicola*
Ganoderma lucidum　　　*Phaelous schweinitzii*　　*Rigidoporus ulmus*
Ganoderma tropicum　　　*Magoderma subresinosum*　*Fistulina hepatica*
Rigidoporus vinctus　　　*Ganoderma weberianum*　　*Ganoderma boninese*
Amuroderma rugosum　　　*Rigidoporus microporus*　　*Earliella scabrosa*
　　　　　　　　　　　　Phellinus gilvus　　　　　*Phellinus gilvus*

3. Slash rot and Product decay

Slash rot係指木材腐朽菌造成死樹之枝條、樹幹及根部之腐朽，而使得木材中之複雜結構的碳（carbon）、礦物質及其他元素重新進入自然界之物質循環中。product decay則係指木材腐朽菌造成木材產品的腐朽。

4. 白腐、褐腐及軟腐（White rot, Brown rot and Soft rot）

依照木材腐朽菌利用來分解木材的酵素作用，可將木材腐朽分為白腐、褐腐及軟腐。所有的木材腐朽真菌都會分泌纖維素酵素（cellulase）以分解木材主要結構的纖維素。白腐朽菌則另外分泌可分解木質素（lignin）的酵素，而木質素為木材中占第二多之成分。而在腐朽後之木材殘留物呈白色或淡色，故稱白腐（白色腐

朽，white rot）。褐腐朽菌其酵素系統只能分解纖維素，而留下木質素，其木材腐朽後之殘留物呈現褐色，故稱之為褐腐（褐色腐朽，brown rot）。軟腐（soft rot）則僅局部性的分解酵素，他們過去僅發現於充滿水分的木材上，例如船、水中之木頭、港口邊之木柱等，近年在生立木也發現有軟腐的情形，例如*ustulina deusta*，軟腐菌通常為子囊菌及一些不完全菌，近來也發現擔子菌類，如*Inonotus hispidus*，而白腐菌及褐腐菌則為擔子菌類。

一般而言，白腐發生在闊葉樹較多，而褐腐發生在針葉樹較多。

二、木材腐朽作用之形式（Mode of Action of Wood Decay Fungi）

將木材腐朽菌分成白腐、褐腐及軟腐有利於了解腐朽菌之基本酵素反應。木材腐朽模式將木材結構化學與真菌之酵素作用聯結在一起。

1.木材化學與結構（Wood Chemistry and Structure）

木材係一種特殊、堅固而耐久的物質，僅少數的微生物有能力分解它。耐久性及強度為木本植物能夠在自然界長期存活及競爭的原因。而耐久性、強度、經濟及普遍存在，是人們普遍使用木材此一重要物質之原因。

木材的耐久性及強度與其特異化的結構性木質部細胞，如針葉樹之管胞（tracheids）及闊葉樹之纖維（fibers）等有關聯。木質部是由特化的細胞組成，其功能為運輸及貯藏，而主要的組成及為管胞及纖維。這些結構性木材細胞為細胞壁增厚的長形特化細胞，主要成分為纖維素（cellulose）、木質素（lignin）以及半纖維素（hemicellulose），這三種成分占了木質細胞化學組成的95%左右，其他物質有澱粉、酚類、果膠及礦物質等。

纖維素為一長鏈的多聚合物（polymer），由約10,000個葡萄糖（glucose）單位，以β-1,4 glycosidic bonds聯結而成。纖維素鏈多數經由氫鍵（hydrogen bond）橫向連結形成結晶狀纖維素，再聚合成微纖維（microfibrils）。另外有部分纖維素則不形成結晶，而為不定型之結構。

木質素為非結構性，無一定形狀的物質，由基本結構之phenylpropane多數橫向聯結而形成之複雜多聚合物。

半纖維素係由葡萄糖（glucose）、半乳糖（galactose）、甘露糖（mannose）、葡萄糖酸（glucronic acid）、阿拉伯糖（arabinose）以及木糖（xylose）等單位，以glycosidic bonds聯結而成。

木質部細胞剛形成時為活細胞，然後逐漸死去，其細胞膜也消失，僅少數片段殘留在細胞壁內，其細胞壁分為好幾層，包括primary wall及secondary wall，而後者又分三層，包括S1、S2及S3。S3層在最內層，是由一些微纖維組成，其方向與細胞長軸略呈垂直，S2層為中間層，係最厚之一層，為cell wall之主要結構，其微纖維之排列方向大致與細胞長軸平行。Secondary wall之最外層為S1層，其微纖維之排列與細胞長軸呈相當之角度。Secondary wall之外圍為primary wall，係由半纖維素及果膠質所組成，也有少部分的蛋白質。Primary wall之外則為中膠層（middle lamella），主要成分為果膠質及木質素，功能係將細胞黏接一起成為木質部構造。

邊材或基部之靠外面部分，係由(1)在闊葉樹之死纖維及導管細胞或針葉樹的死管胞及(2)活的薄壁細胞及射線細胞等所組成，在有些樹種，其薄細胞和射線細胞最終會死亡，因此其中心部位全為死細胞所組成。在細胞死亡過程中，射線細胞及薄細胞壁會形成酚化合物（phenolic compounds），最後蓄積在心材中，而造成心材的特殊顏色、氣味以及抗腐朽性。而其他種類（如aspen,maple,birch），並不形成真正的心材。在木質部中央也可發現一些活的薄壁細胞，而在木質部發生之變色係由於微生物之作用。

2. 木材腐朽菌產生之酵素（Enzymes Produced by Wood Decay Fungi）

木材腐朽菌皆成產生纖維素酵素（cellulase），纖維素酵素又可分為二類，一種為endocellulase，任意分解纖維素長鏈，使成為長短不一的短纖維素鏈片斷。另一種則為exocellulase，其分解纖維素係由長鏈之一端，有系統的逐次將長鏈上的兩個葡萄單位分解開。所形成的兩個葡萄單位的雙醣（cellobiose，纖維二糖），為水溶性，被真菌菌絲吸收到細胞內，再予以分解利用。

另一類重要的酵素係由白腐朽菌所分泌的木質素氧化酵素（ligninOxidative enzymes），能將木質素多聚合物分解開，並氧化其Phenylpropane分子。

而腐朽菌之其他酵素，如分解半纖維素、果膠及澱粉的酵素，則較少受到研究木材腐朽學者之注意。

3. 木材腐朽模式（Wood Decay Model）

木材腐朽需要水分方能進行，一般只有在水分含量高於纖維飽和量（fiber saturation）時，眞菌才進行腐朽木材。纖維飽和量之水分含量約等於木材含水量爲28%時。

當木材內所有細胞腔都充滿水分時，白腐及褐腐眞菌即無法進行腐朽木材之工作，主要原因爲缺乏氧氣，因此白腐及褐腐之進行係在水分含量高於纖維飽和量而不完全充滿水分時。

軟腐眞菌可以分解充滿水分的木材。因此它們可以分解浸於水中或經常保持潮溼的木頭，例如溫室中之工作檯、船、港口木柱及其他。只有表面的木材會被分解，因爲內部完全缺氧。

生長中之眞菌菌絲釋放出cellulase及lignin oxidative enzymes，從細胞腔滲透到細胞壁上作用。纖維二糖（cellobiose）及其他分解產物即被眞菌吸收並利用。

從化學層次而言，假說之木材腐朽模式牽聯到許多酵素。一種X1酵素被認爲係切斷ligno-cellulose bonds。另一群酵素，hemicellulases，分解包圍在微纖維素（microfibrils）中之結晶纖維素周圍的半纖維素。

第三種酵素C1被認爲係切斷聯結在結晶體區域內纖維素鍵之間的氫鍵（hydrogen bonds）。此等結晶區域對於酵素而言是不能透過的。此C1酵素僅發現於白腐朽菌，而且爲exocellulase之作用方式，將葡萄糖及纖維二糖從長鍵之一端切開。褐色腐朽被認爲係利用非酵素的氧化系統，以將纖維素結晶給鬆開。褐色腐朽菌產生過氧化氫H_2O_2，加上鐵離子之作用，引起纖維素鍵的氧化反應，因而促進endocellulases的作用。

第四種（群）酵素Cx，係前面所提及之cellulase酵素。它們可能爲Exo-或endocellulases，但通常認爲係endocellulases，將纖維素逢機切斷成各種較短的片斷。

第五群酵素爲ligno-oxidizing enzymes，從部分腐朽的木材分析結果顯示，其可

能的作用，為在去甲基作用（demethylation）及環斷裂（ringcleavage）時，為細胞外氧酵素（extracellular oxygenase）；而在醇類氧化作用（alcohol oxidation）中，作用去氫酵素（dehydrogenases）。白腐朽菌及褐色腐朽菌都有將木質素之大分子分解的能力，但褐腐朽菌似乎缺乏將環切斷之能力，而此為將木質素完全分解成CO_2及H_2O所必要的，因此無法將木質素做進一步的分解利用。

三、活樹之木材腐朽（Wood Decay in Living Trees）

一般來說，木材腐朽菌感染活樹時，通常造成心材腐朽（heart rot），只有當樹木衰弱或傷口過大以致無法癒合時，才會發生邊材腐朽（sap rot）。

1. 傷口（Wounds）

傷口是木材腐朽菌侵入樹木的途徑，傷口的出現也是此後木材發生一連串變色及腐朽，以及微生物在其中生長的第一步。

由於樹木之生長期相當多，而長期暴露在環境之中，會受到外界各種生物性及非生物性因子之侵襲而造成傷口，使得木質部露出，而成為腐朽菌侵入的入口。造成傷口的因子有：風、雨、雪、霜害、火災、昆蟲、鳥、獸等之侵襲，以及人為活動所造成的傷口，例如修枝、砍伐、機械操作及其他有意和無意間造成的傷口。

2. 寄主反應（Host Response）

當傷口形成時，樹木馬上就有反應。樹木的反應可分為幾個層次。首先，迅速產生電荷及化學的反應。其次，形成數種結構上的反應，這些不同的反應，主要有兩種目的：(1)阻止受傷後微生物的侵入。(2)將傷口侷限或分隔開。寄主反應的連續變化程度主要依傷口的嚴重性以及樹木對傷口強烈反應的遺傳能力而定，另外也會受到樹木的生長勢以及外界環境的影響。一般而言，小傷口會迅速癒合。而大傷口較為嚴重，癒合緩慢，而且經常造成變色及腐朽。但是外表傷口的大小，並非嚴重性的唯一指標。某些形式的小傷口，可能對木質部組織造成相當大的損害，而比大形的表面傷口更為嚴重。

樹木對於傷口的反應，在解剖上可稱為compartmentalization（分室作用）。樹

木的分室作用，為一種防衛過程，在此過程中形成某種限制界限，以便將傷口組織隔離，並且因此而阻擋病原菌的入侵。正如「築牆圍堵」般，圍繞在傷口周圍的障礙帶（barrier zones）是否能迅速在入侵微生物的前面形成。

一棵樹可以看成係由許許多多的subcompartments所組成。最明顯的就是由形成層每年長出新的木質部所形成之年輪。而樹幹或枝條之木質部又被射線細胞分隔成鬆散的楔形compartments。

一棵樹受傷後即引發一連串的的氧化作用。進一步的化學作用及形態學上的反應，跟著將入侵的微生物被阻擋在外，而無法進一步侵入，只有少數的木材腐朽菌可以繼續進入木材的部分，因而引起木材腐朽的發生。此時樹木的分室作用，即發生了防禦作用，以保護樹木。

在導管及管胞上面及下面形成的tylosis（侵填體）、樹脂及其他物質，把compartment的上下兩端結封閉住，由此而形成對腐朽菌侵入的第一道防線。

樹木分室作用的第二道防線，即為年輪之暗色部分的細胞，此為每一年之夏季以後形成者，此類細胞蓄積了較多的酚類化合物（phenolic compounds），因而呈現較深的顏色，又因酚類化合物對微生物具有毒性的作用，所以對腐朽菌之抵抗力較強。

射線的薄壁細胞產生毒性的酚類化合物（toxic phenolic compounds）充塞於傷口兩旁的細胞內，而形成另一道橫向的障礙。由於射線和形成層連接，可以繼續獲得營養，以進行反應。故其形成之防衛工事較第一道、第二道防線最強。

以上三種對腐朽菌的障礙，都不是永久性的，只是暫時延緩腐朽菌的入侵。但是當腐朽菌往前入侵時，在它們的前面的細胞會繼續發生反應以阻止腐朽菌的前進，因此腐朽菌在活樹上的進行速度非常緩慢，也就是說其造成木材腐朽的速度非常緩慢。樹木即可爭取時間，長出新的木質部以取代受感染木質部之功能。

樹木之分室作用之最重要的一道防線（第四道防線），即是當樹木受傷或病原菌入侵時，形成層的活細胞會產生一道防禦強，此即為compartment的外牆，可以防止入侵的腐朽菌進入到受傷以後才長出的木質部內，而使其活動範圍侷限在受傷以前形成的木質部內，此一層障礙帶（barrer zone）為最堅固的防線。除了少數引起的潰瘍的腐朽菌，一般木材腐朽菌無法穿越此一層障礙帶（barrer zone）。

　　分室作用使得大多數的樹木在受傷及有腐朽菌的侵襲下，仍然能活得長久。大部分的微生物即因此被阻隔於傷口外，只有少數真菌能夠耐受此種樹木化學反應而產生的化合物，這些真菌即能引起樹木之心腐病，同時因它們能忍受植物產生的有毒化合物，因此在樹木上，它們即沒有其他的競爭者，因為那些競爭者無法耐受這些有毒化合物。

3. 腐朽菌之生活史（Life Cycle of Wood Decay Fungi）

　　腐朽菌的擔孢子到達這些傷口時，如外界的環境適合，即發芽而侵入傷口，這些感染的擔孢子，僅有單套的染色體組（genome）（1n），因此在一些腐朽菌，即需要第二個擔孢子在同一基質上以完成其生活史。如果第二個擔孢子，也在附近產生一個感染菌落（infection colony）。則此二組genome經由兩個菌落之菌絲融合（anastomosis），而組合在一起。

　　此雙核菌絲（dikaryotic mycelium）在基部繼續發展，直到一些至今仍未明瞭的機制觸發，使得真菌經由阻力最小的途徑突出樹幹外表而長出子實體。子實體通常從死亡枝條上或其基底部，或從樹幹裂開之部位長出。

　　木材腐朽菌的子實體常生出非常大量的擔孢子。例如*Phellinus tremulae*的子實體，在孔表面積每平方公厘（mm^2），每天可產生達100,000個擔孢子以上，其子實體下表面積約為$4 \times 10cm^2$，其產胞期間，可從4月15日到10月15日，約半年期間。可知其擔孢子產生量非常多。

4. 心腐真菌之感染及侵入的理論（Concepts of Infection and Invation by Heart Rot Fungi）

　　森林病理學是從1874年Robert Hartig描述腐朽木材中之菌絲與樹木外表發現的子實體之關聯而開始，Hartig的觀察導致了古典的腐朽觀念。傷口、枯死枝條、折斷之頂端以及火災之疤痕被發現通常為樹幹外面與內部腐朽相連接之點，因此它們很明顯的為感染的部位。此項古典的Hartig concept係基於觀察期與腐朽之心材的連續性，以及子實體從樹幹上腐朽枝條基部或傷口長出。並且其病原性可由腐朽菌純粹培養的菌絲塊作接種，可產生腐朽，並能在腐朽組織再分出同一真菌，完全符合Koch's原則，而證明其病原性。

此後於1938年，Haddow發表了對於*Phellinus pini*（*Fomes pini, Trametes pini*）引起東部白松心腐病的研究報告。他的觀察顯示真菌感染小至直徑幾mm的小枝條。而幼樹的枯死枝條與感染有關。他的報告強調心腐病菌感染小枝條。在Haddow之後，Etheridge（1976）研究*Echinodontium tinctorium*感染western hemlock時，他發現許多感染點與枯死的小枝條有關聯。Etheridge主張，在最初感染小枝條之後，真菌進入休眠，直到以後樹木受到逆境（stress）或受傷害（injured）時才又活化。

在伐木時造成的傷口並不代表感染點，而是當樹對傷口反應時，造成原先已存在的感染被活化。此Haddow-Etheridge concept主要係感染部位之修正。其證據係從樹的幹、枝條、小枝等許多不同部位作培養，*Echinodontium tinctorium*不但可從明顯腐朽的心材分離到，也可從沒有明顯腐朽的枝條及小枝分離到。而且在作各個菌株之核型之研究時，發現從很多個別的小枝條上分離之菌株為單套（haploid）者。這表示它們仍是單一擔孢子感染，仍未能分發展至與第二個擔孢子感染者接觸而行菌絲融合者。

第三個觀念為Shigo所提出，Shigo concept之主要意義即是腐朽菌之感染及侵入為第二次的（secondary），係在先驅微生物先侵入傷口，將木材基質改變後始隨著侵入。也就是說，當植物受傷後，樹木本身產生反應，繼而一些先驅微生物。例如細菌及一些非腐朽性真菌侵入，當木材基質被改變後，木材腐朽菌才感染並侵入。那些先驅微生物的作用，被認為係將寄主反應而形成的有毒酚類化合物等解去毒性，以及改變木材的pH值等，使得環境適合於腐朽菌的侵入。

Shigo的演替性觀念主要是基於侵入過程中，真菌被分隔的證據而來，而且腐朽菌作接種並無法成功的產生腐朽。很多樹之接種的傷口為一群非腐朽性真菌所侵入。另外從腐朽及變色木材的分離結果，也符合此一說法。在腐朽木材之邊緣及變色部位分離到細菌及其他真菌，而在變色部位後面的腐朽木材則分離到其他腐朽菌。在實驗室中觀察木材腐朽菌在腐朽材、變色材以及完好木材上之發育情形。實驗結果顯示，腐朽材以及變色材的木塊，當接種腐朽菌後，較完好木材失去更多的重量。在改變後的木材基質上，腐朽進行較為迅速的結論，顯示了微生物在腐朽進行時有演替之現象。

事實上，有關木材腐朽菌之感染、入侵以及在活樹內之腐朽發展並不完全明瞭，仍需要更多之研究，以剖明其始末。

5. 莖腐菌在木材建立菌落的策略

除了部分具有病原性經由傷口感染的木材腐朽菌外，大部分的木材腐朽菌也都是因為根或莖有較大的受傷，而將心材或成熟材曝露在外，使得腐朽菌有機會感染心材而進入樹木體內。感染機會與傷口之大小成正相關。大部分的木材腐朽菌都屬心材腐朽菌（心腐菌）。心腐菌都有抗環境逆壓建立菌落的特性，如由孢子與菌絲入侵時，可在心材乾燥及缺乏可利用碳水化合物下完成建立菌落。

心腐菌的孢子在子實體上形成，並於適當的環境下，自子實體釋放出來，孢子產生通常與溫度及溼度有關係，釋放的孢子通常由風或水傳播，但有時動物包括人和昆蟲也可協助孢子的傳播。附著在適合基質之孢子，則在適當的環境下可以發芽。孢子的發芽需要有水分。一般而言，心腐菌孢子發芽後的菌絲生長緩慢，並可抵抗較低的溼度及養分，且心腐菌可以在環境逆壓下存活很久，這可能與心材缺乏養分較沒有競爭者有關。

木材上除了心腐菌外，另外有一群不完全菌也可在木材建立菌落。它們可以產生大量孢子，孢子可經由空中傳播且很容易發芽，發芽後的菌絲生長很快，它們可自曝露的邊材感染入侵，因為邊材有較豐富的可獲得營養。不完全菌不會改變木材結構，其僅能使邊材色變，一旦邊材的養分用完，立刻產生孢子飛離，並在它處建立新的據點。

修剪大枝條和大側根常使心材或成熟材曝露在外，是提供根腐菌和莖腐菌感染的好機會。因此，除非有必要，應該盡量避免對樹木進行大枝條和大側根的修剪作業。另外，樹木的任何施作，如有曝露心材或成熟材的情形，例如，對樹木施予外科手術，也要盡量避免，因曝露心材或成熟材是提供木材腐朽菌建立感染的最好時機。但如果一定要施予大修剪，則必須考慮時機，例如，在樹木可以很快癒合傷口的季節或腐朽菌孢子較少出現的季節。在很多研究顯示，塗抹傷口密封劑並非預防腐朽菌感染的好處理，因傷口密封劑並沒有快速使傷口密封，仍然提供傷口給腐朽菌進入的機會。因此，唯有從早期修枝及正確小心的修枝，才是傷口快速癒合的方

法。木材防腐劑應避免用於修剪的傷口，因防腐劑會傷害樹木的活組織及形成層，使傷口無法癒合或使傷口擴大。

有人認為火烤傷口，使傷口表面炭化可以避免腐朽菌的感染，但很多研究結果顯示，炭化作用反而提供腐朽菌良好的生長環境。

當腐朽菌產孢的季節，應盡量不要製造樹木傷口，以避免腐朽菌感染，傷口密封劑是否有效，要看密封傷口的受傷程度。氣候的變化也會使經密封劑封密的傷口裂開，如溫、溼度劇烈的變化，太陽的照射。為避免造成傷口以提供腐朽菌感染，最好的方法就是在幼樹時，就需進行適當正確的修枝，因為小枝條的修枝可以很快形成樹皮，使傷口癒合。任何傷口的保護措施，都無法取代樹皮對樹木的保護，因樹皮富含軟木素（suberin）及含有少量纖維素，軟木素具有抗菌作用，並可保護樹木免於過度水分蒸發和機械傷口。

修剪大枝條而造成之傷口，是腐朽菌最常感染的位置，傷口處不但是感染點，也是腐朽菌出離的通道（escape routes），因為產生孢子的子實體也多在傷口處形成。當木材的養分漸被腐朽菌消耗殆盡時，它們就會形成子實體並產生孢子，以便傳播到新的基質上，因此傷口處不但是腐朽菌進入的入口，也是它們出離樹木的出口。

並非所有的腐朽菌都經由根或莖的傷口進入，例如，有些腐朽菌是感染小枝條並存活於小枝條，然後主幹逐漸生長並將小枝條包入樹幹內，腐朽菌因而順利進入心材，然後生長繁衍，如*Echinodontium tinctorium*和*Fomitopsis pinicola*可能是經由此方法進入樹木的心材。有些腐朽菌是經由昆蟲傳播進入木材組織，如*Stereum sanguinolentum*。

6. 根腐菌在木材建立菌落的策略

由於根腐菌主要活動於土壤的根部，因此關於它們如何感染樹木並建立菌落的策略，並不是非常清楚，目前只知道經由孢子發芽感染衰弱的根部，或經由帶菌的病根與健根接觸感染，或有些根腐菌可以形成菌絲束（Rhizomorph），菌絲束可以在土壤中生長延伸而感染健康根部。

另外，有些外在環境因子可以提昇根腐菌成功的感染，其中有生物性的的因

子，如樹木年齡，在行道樹中，樹齡越高感染之機會隨之增加；土壤養分缺乏也會導致樹木易受根腐菌感染；有些根腐菌的感染有協力作用，也就是一種根腐菌先感染，另一種就比較容易感染；昆蟲的危害也可以協助感染。也有非生物性的因子，如受傷，受傷的樹木易受根腐菌感染；環境逆壓也會導致樹木容易受根腐菌感染，如土表覆蓋水泥或柏油面和土壤浸水等。

7. 發病特性與生態角色

由於根腐菌對樹木具有微弱的病原性，且主要經由傷口入侵或病根與健根接觸傳染，因此它們的發病與傳播速度都非常緩慢，不易讓人察覺。然而受感染樹木一旦出現徵狀，都已非常嚴重，不易進行救治工作。另外，具有較強病原性的木材腐朽菌，如有害木層孔菌引起之林木褐根病，其發病與傳播的速度也非常緩慢，因此這類的病害不會在短時間內造成大面積的流行病。由於它們發病緩慢，初期的為害都不太受到注意，它們的危害可以說是在不知不覺中進行，但如持續為害數年後，受害面積也非常可觀。以臺中港木麻黃防風林褐根病為例，目前受害面積已達30公頃。根基腐病主要感染源是存活於病根的根腐菌，根腐菌可以存活於病根直到病根完成腐朽為止，通常需數年或更長時間。因此樹木一旦罹患根腐菌就不易根治，即使生病的林地進行再植也不易成功，因為土壤施藥不易達到效果，且樹根體積龐大藥劑更不易完全到達根部所有地方，再者，感染殘根在土壤中不易清除，除非完全換土或全面性土壤燻蒸處理。

以森林生態演替的觀點而言，木材腐朽菌（當地原生態系的種類不包含入侵種）是推動森林演替的重要推手。根莖腐菌可以導致樹木樹幹折斷或死亡倒伏，使森林形成新的孔隙地，讓森林中的小樹苗或種子，因而獲得較大的生存空間及足夠的光線，得以有機會生長。由於木材腐朽菌的為害非常緩慢，因此在短時間內不會對天然造成過大的孔隙地，不會有土壤流失的問題。木材腐朽菌在致死林木後，它們可以持續分解利用保存在枯立倒木中的木質素與纖維素，使蓄積在枯立倒木體內的養分釋放出來，同時因木材的腐朽分解，改良當地土壤的物理與化學性質，使土壤更適合種子的發芽及提供小樹苗良好生長的環境及養分。木材腐朽菌創造森林孔隙及分解木材改善土壤環境，是營造不同齡級森林，多層次森相及多樣性森林的重要推手之一。由此可知，木材腐朽菌對森林生態演替的貢獻是不言可喻。

① 罹患靈芝根基腐病的印度黃檀，葉片輕微黃化，且樹冠層變的稀疏。
② 罹患靈芝根基腐病的相思樹，樹冠層變的稀疏。
③ 樹幹基部長出靈芝菇體的相思樹，是禍？是福？應該是無福消受吧！
④ 罹患靈芝根基腐病的榕樹，無預警的倒伏。
⑤ 罹患褐根病的黃槿全株黃化落葉。

⑥ 罹患褐根病的桉樹快速萎凋，葉片還來不及掉落就枯萎死亡。
⑦ 罹患褐根病的樟樹，因根部腐朽影響輸導功能而立枯死亡。

四、死樹及林產品之腐朽（Decay in Dead Trees and Wood Products）

　　在死樹、圓木以及木材產品進行腐朽過程研究較容易，因此也較為人明瞭。而此等木材並不會產生任何反應，因此其腐朽過程也較為單純。當擔孢子接觸到木材基質時，如果外界環境適合時，感染即開始。

　　在此種情況下，由於心材聚積了較多的色素、酚類化合物、單寧（tannins）以及其他有毒物質，因此心材較邊更具有耐腐朽性，因此腐朽即會從邊材先開始，腐朽也進行得比心材更快。而不同樹種，其木材所累積的有毒物質的質及量不同，所以不同樹種的木材即呈現不同程度的抗腐朽性。

五、腐朽對樹木及木材之影響（Effects of Decay on Trees and Woods）

活樹的木材腐朽一般無法從外表去判斷，僅有在出現暴露的大傷口、空洞或者長出菌的子實體，才能察覺到有木材腐朽發生。而一般木材產品之腐朽憑肉眼即可看出腐朽進行，但其腐朽程度則常要解剖開來，始能明瞭。

1. 重量損失（Weight Loss）

真菌的細胞外纖維酵素及木質素分解酵素，可將木材細胞壁分解成片斷，更進一步吸收分解利用，最後產生H_2O及CO_2。細胞壁物質被腐朽菌分解利用，造成了木材重量之損失。

表13-1之數據表示了白腐朽菌（*Coriolus versicolor*）及褐腐朽菌（*Poria placenta*）接種至木材上時，造成之腐朽所引起之細胞壁化學成分之改變。當試驗木材失去大約50%左右重量時，在白腐朽其木質素及纖維素僅剩下一半左右；而在褐腐朽，木質素幾乎和原來一樣沒有減少。

表 13-1　甜楓邊材在腐朽過程之變化。各數據皆是基於開始時木材之乾重作為比較基準。（引自Cowling，1961）（Comparison of sweetgum sapwood in progressive stages of decay. Based on the moisture-free weight of the original sound wood. (Condenced from Cowling, 1961)）

腐朽菌之類型 （Type of decay-causal roganisms）	平均重量損失 % （Average Weight loss %）	原先細胞壁之百分比 （Percent of orginal cell wall）		
		纖維素 （Cellulose）	半纖維素 （Hemicellulose）	木質素 （Lignin）
白腐朽菌 （White rot *Coriolus versioolor*）	0	52	25	23
	25	40	19	17
	55	23	11	11
褐腐朽病 （Brown rot *Poria placenta*）	0	52	25	23
	20	40	17	23
	45	22	10	23

2. 強度損失（Strength loss）

木材腐朽會造成木材纖維強度之降低。由於白腐朽菌及褐腐朽菌的纖維素酵素作用不同，以致引起強度損失之程度也不同，可以其聚合作用（Polymerization）變化之程度，來說明其強度之改變。褐腐朽菌利用纖維素內切酶（endoellulase），迅速的將纖維素鍵隨意切成許多小片斷。而白腐朽菌係利用纖維素外切酶（exocellulase）而將纖維素鍵的葡萄糖單體（glucose unit）按順序切斷，其分解較為徹底。

褐腐朽菌將纖維素任意切成許多片斷，故在短時間內即急遽的降低木材強度，而白色腐朽菌需要較長時間，始對強度造成明顯的損失。腐朽菌之造成木材強度降低，會造成活樹之倒折，或枝條斷裂及掉落。在建築物或木材產品，其強度降低會造成房屋倒塌、電線桿倒折、橋樑倒塌以及其他結構上破壞。

3. 減少立木材積（Reduced Standing Timber Volume）

由於樹木心腐病的發生，會造成森林砍伐後總材積及可利用材積的減少。

4. 邊材腐朽清除木材殘留物（Sap Rot Cleanup of Wood Residues）

在林地中枯死的樹木以及砍伐跡地遺留之殘材及枝條等，會受到木材腐朽菌之分解，而清除這些殘留物，並使原先蓄積在木材中之成分分解，而回到大自然的物質循環中。

5. 增加木材之透過性（Inceased Permeablity of Wood）

木材腐朽的發生，會增進木材對水及其他液體之透過性，使得使用於結構上的木材增加了可溼性，而具有更進一步腐朽之潛能。

6. 增加木材之導電度（Increase Electrical Conducivity of Wood）

隨著木材腐朽的進行，其導電度會增加。腐朽會造成腐朽材邊緣的變色木材之離子聚積，而使其導電度增加。在國外，即基於導電度的增加現象而設計了一種儀器──Shigometer，用來測定活樹之腐朽及木材變色的情況。

7. 改變木材之體積（Changes in Wood Volume）

木材腐朽造成木材體積之改變，其中以褐腐朽引起之改變較大。除了改變體積，也會引起木材變形。

8. 改變製漿品質（Changes in Pulping quality）

木材腐朽也影響木材之製漿品質，尤其是褐色腐朽影響較大，褐色腐朽的木材因纖維強度破壞很大，同時纖維長度變短，故不適合於製漿。而白色腐朽的木材，除非嚴重腐朽，其對製漿品質之影響較小。

9. 木材變色（Discoloration of Wood）

腐朽會導致木材變色，有時腐朽程度低，雖對其強度影響不大，但此種木材因變色而市場價格較低。有變色及腐朽之木材不論在建築、家具或裝潢一般都不受歡迎。

10. 降低熱值（Reduction of Caloric Value）

腐朽的木材其熱值會降低，在目前薪炭材使用量逐漸減少之情況下，其重要性已不受到重視。

六、木材腐朽之防治（Control of Wood Decay）

1. 活樹木材腐朽之防治（Control of Wood Decay in Living Trees）

由於我們對腐朽真菌的感染部位以及感染過程的了解不夠，因此限制了我們推薦良好防治方法的能力。

傷口與木材腐朽菌之感染及侵入有關，因此在造林、擇伐或疏伐時小心操作，避免造成傷口，可以避免許多日後之腐朽問題。另外在修枝時，注意正確的修剪方式，以及將不規則傷口修正，可以使傷口的癒合良好，而減少腐朽菌的感染。包圍枯死枝條基部的癒合組織（callus tisusues），於修枝時避免將其剪傷。由不規則傷口脫開的樹皮應該剪掉，使形成平滑的傷口，以促進癒合。另外修剪大枝條和大側根常使心材或成熟材曝露在外，是提供根腐菌和莖腐菌感染的好機會。因此，除非有必要，應該盡量避免對樹木進行大枝條和大側根的修剪作業。另外，樹木的任何施作，如有曝露心材或成熟材的情形，例如，對樹木施予外科手術，也要盡量避免，因曝露心材或成熟材是提供木材腐朽菌建立感染的最好時機。但如果一定要施予大修剪，則必須考慮時機，例如，在樹木可以很快癒合傷口的季節或腐朽菌孢子

較少出現的季節。雖然市面上有很多商業化的傷口塗布劑（wood paints）出售，被用來防治腐朽菌的感染，以及促進傷口癒合。但至目前為止，仍無任何證據顯示這些藥劑有防止腐朽的功能。而據Shigo & Shortle（1983）等之試驗研究顯示，傷口塗布劑之使用與否，對於木材變色與腐朽並沒有影響，即傷口塗布劑並無防止腐朽感染之功能。而Neely（1970）之研究，也顯示傷口塗布劑並無促進傷口癒合之效果。有些木材防腐劑傷害樹木的活組織及形成層，應避免用於修剪的傷口，避免傷口無法癒合或使傷口擴大。因此，唯有從早期修枝及正確小心的修枝，才是傷口快速癒合的方法。

當腐朽菌產孢的季節，應盡量不要製造樹木傷口，以避免腐朽菌感染，傷口塗布劑是否有效，要看密封傷口的受傷程度。氣候的變化也會使經傷口塗布劑密封的傷口裂開，如溫、溼度劇烈的變化，太陽的照射。為避免造成傷口以提供腐朽菌感染，最好的方法就是在幼樹時，就需進行適當正確的修枝，因為小枝條的修枝可以很快形成樹皮，使傷口癒合。任何傷口的保護措施，都無法取代樹皮對樹木的保護，因樹皮富含軟木素（suberin）及含有少量纖維素，軟木素具有抗菌作用，並可保護樹木免於過度水分蒸發和機械傷口。

近年來，使用拮抗微生物塗布於傷口，以達到生物防治之目的，似乎為一可行的方向，且有若干成功的實驗報導，此項研究主要在果樹方面較多。

修剪大枝條而造成之傷口，是腐朽菌最常感染的位置，傷口處不但是感染點，也是腐朽菌出離的通道（escape routes），因為產生孢子的子實體也多在傷口處形成。當木材的養分漸被腐朽菌消耗殆盡時，它們就會形成子實體並產生孢子，以便傳播到新的基質上，因此傷口處不但是腐朽菌進入的入口，也是它們出離樹木的出口。

並非所有的腐朽菌都經由根或莖的傷口進入，例如，有些腐朽菌是感染小枝條並存活於小枝條，然後主幹逐漸生長並將小枝條包入樹幹內，腐朽菌因而順利進入心材，然後生長繁衍，如*Echinodontium tinctorium*和*Fomitopsis pinicola*可能是經由此方法進入樹木的心材。有些腐朽菌是經由昆蟲傳播進入木材組織，如*Stereum sanguinolentum*。

在營養繁殖的林地或萌生林，於幼小時即決定何者該保留，何者該擇伐，可減

少日後之腐朽問題。一般在stump較高處萌出者砍除，而保留較低處萌出者。於萌蘗幼小時即應砍除，如直徑超過4英吋時，全部砍除或全部保留。

在林地裡選擇性的砍伐優勢樹木，可預期日後腐朽會增加，因優勢樹砍伐後，被壓木即迅速生長，原先之被壓木對木材腐朽菌感染之抵抗力弱，因此當它們迅速生長後，原先已建立之腐朽菌感染，將使它們無法長成高品質的木材。

生長迅速的幼樹對腐朽之感染及侵入有抵抗性，因此那些樹勢衰弱，生長緩慢的樹應該予以擇伐。

2. 木材產品的木材腐朽之防治（Control of Wood Decay in Products）

(1) 乾燥處理

一些竹材及木材經過高溫乾燥處理後，可以殺滅竹材及木材上或是內部的腐朽菌，已處理過的竹材或木材製成產品可以延長使用或是儲放展示的時間。

(2) 儲放環境的控制

環境中的溫度及溼度高低可以決定木材腐朽菌的感染及生長活動，特別是溼度，將相對溼度保持在一定的範圍下，可以降低木材產品受木材腐朽菌的危害。

(3) 木材防腐劑（wood presevatives）

木材防腐劑是一種化學藥劑，將這化學藥劑注入木材內部或是塗布在木材表面來增加木材對抗腐朽菌及蟲蛀蝕的能力。早期的雜酚油、甲醛到近年被禁止使用的CCA都算是木材防腐劑。早期的木材防腐劑著重在防腐的效果，偏重在毒性大同時要能持久及穩定性高。近年來環境意識的抬頭，木材防腐藥劑除了要有防腐效果外，還要顧及使用人的健康安全及降低環境的衝擊。針對這些需求開發了許多種木材防腐劑，以應用在不同的木材用途上，而且效果也相當良好。使用加壓系統將防腐劑盡量深入的壓入木材內，可得到更好的防腐效果。利用浸漬或塗刷的方式，防腐劑比較無法深入木材內，容易受到雨水淋失或受到土壤微生物作用而除去，因此未加壓處理的木材更快腐朽。

(4) 木材之天然耐腐性（Natrual Resistance of Wood to Decay）

許多樹木的心材聚積了較多的酚化合物等有毒性的化合物，而對木材腐朽菌具較強的抵抗性，而不同樹種之耐腐朽能力也不一樣。因此在室外使用之木材，可使用較抗腐朽之樹種的木材。

七、臺灣常見之木材腐朽菌

1. 紅檜蓮根腐病（Large white pocket rot of formosan red cypress）

病原：*Echinodontium taxodii* (Lentz & Mckay) Gross。

本菌子實體通常爲不正形或碗形，邊緣部顯著波形彎曲，其組織厚而硬且稍向內部反捲，密生時數個子實體癒合形成不整形，背面褐色或暗褐色，有許多輪層狀隆起和放射狀之龜裂，通常中央部狹小而著生於樹幹反面，子實體小者直徑在1mm以下，大者超過10mm以上，菌肉層木栓質，呈木材色。內面即子實層，子實層表面爲白色至淡紅色，平滑，子實層散生許多無色厚膜棍棒狀之囊狀體，其上半部表面附著微細之結晶。擔孢子近球形或短橢圓形，無色，基部狹小呈突起狀，其表面有小突起，大小約5-8×5-7 μm。

病徵：本菌一般於臺灣紅檜之老木上發現，一般生長於樹幹下部之空洞內，側枝之折傷部及細枝上，嚴重時也可生長在樹幹外部，其自枝幹因創傷等邊材部枯死或衰傷部分，或自菌之原侵入處出生，此時樹之心材部已腐朽。據Yamamoto及Ito認爲，臺灣紅檜20年生左右，即能被本菌所侵害，被本菌侵害後，心材部生數條至數十條縱走之腐朽孔，此等腐朽孔於木材之橫段面略呈同心圓狀散生，孔口橢圓或不規則長形，其長徑與年輪之排列同方向，孔口之直徑大小不同，小者0.5-3.0cm，大者達10-20cm，鄰接之孔洞相癒合時，形成更大的腐朽孔。在木材之縱斷面，腐朽孔爲長紡錘狀或

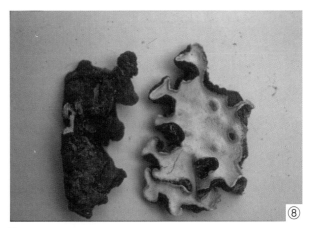

⑧ 紅檜蓮根腐朽病之病原菌（*Echinodontium taxodii*）子實體。

管狀，平行縱走，其長達1m，腐朽孔生長時，最初局部稍柔軟，呈淡色纖維狀，後逐漸消失而成中空，僅其周緣部略有此等纖維狀物，於是形成此蜂窩狀白色腐朽。

常見寄主植物：臺灣紅檜、柳杉、美國落羽松。

2.鐵杉心材褐腐病（Trunk rot of tsuga chinensis）

病原：松生擬層孔菌（*Fomitopsis pinicola* (Swartz: Fr.) Karst.）。本病原屬擔子菌，子實體多年生，無柄，偶有反轉或平伏，木質，平展至蹄形，大小可達45×25×15 cm，上表面新生處有黏質紅褐色樹脂層，無毛，有時裂開，老熟後變成褐黑色，平滑至節瘤。孔口乳白色，菌孔圓形。三次元菌絲，生長菌絲具扣子體。擔孢子圓柱形，無色，平滑，大小6-9×3.5-4.5 μm。

病徵：本病原引起鐵杉木材褐方腐。其子實體常自枯死和活著的鐵杉樹幹長出來，因其子實體相當明顯，很容易辨認。本病原主要為害木材組織，因此對木材的質與量影響很大，是造成鐵杉材質損失的主要腐朽菌。

發生生態：由於病原菌為多年生，因此在春夏潮溼的季節，可隨時產生擔孢子，隨風傳播，為本病菌長距離傳播的初次感染源。擔孢子發芽後需經由傷口才能感染新植株。本病原菌也可能由木蠹蟲攜帶傳播到新植株。本病原分布在鐵杉天然林的生育地，是推動鐵杉自然演替的重要因子。

常見寄主植物：鐵杉、松類、檜木類及一些闊葉樹。

⑨

▎ ⑨ 松生擬層孔菌的子實體

3. 龍柏莖腐病（Stem rot of Juniperus chinensis）

病原： 斑孔木層孔菌（*Phellinus punctatus* (Fr.) Pilat.）

本病原菌屬於擔子菌，其子實體黃褐色，平伏，厚達2 cm，菌絲二次元，不具扣子體，不具菌肉與剛毛。擔孢子橢圓形至次圓形，無色，5-6.5 μm，具糊精反應。本病原菌很容易培養，其菌落初期白色至草黃色，後變成琥珀褐色至深褐色。菌絲不具扣子體。沒有任何特化構造。

病徵： 在受害植物的枝條與樹幹表面偶可發現子實體。其引起龍柏樹幹白腐朽，同時為害樹幹上之樹皮腐爛，由於樹幹之水分輸導受阻而導致受害樹幹葉片初期黃化萎凋，最後枯死。本病原在龍柏上僅偶而為害莖基部及根部，因此鮮少出現全株枯死情形。但本病原菌可為害梅樹及枇杷莖基部及根部，導致全株黃化萎凋及枯死。受害樹幹易風折。

發生生態： 病原菌子實體一年生，一般在春夏潮溼的季節偶而形成子實體及產生擔孢子，擔孢子隨風傳播，為本病菌長距離傳播的初次感染源。擔孢子發芽後需經由傷口感染。感染植株的根部殘留在土壤為第二次感染源。本病原主要分布在低海拔地區。

防治方法： 仍未充分研究，但病原菌與褐根病菌為同菌屬，因此可以比照褐根病的防治方法。另外，地上部的莖受為害時，建議施用波爾多液、快得寧或銅快得寧等殺菌劑。

常見寄主植物： 龍柏、梅、枇杷。

⑩ 龍柏莖腐病
⑪ 龍柏莖腐病菌之子實體

4. 褐根病（Brown root rot）

病原： *Phellinus noxius* (Corner) Cunningham。

本病原屬於擔子菌，其在自然界鮮少形成子實體。在木屑培養基可形成完整子實體。其子實體黃褐色，平伏，厚0.4-2.5 cm，菌絲二次元，不具扣子體，具菌肉，其黑色剛毛菌絲長達450 μm，寬達13 μm，擔孢子次卵、無色，3-4×4-5μm。本病原菌很容易培養，其菌落初期白色至草黃色，後變成琥珀褐色至黑褐色。形成節生孢子（arthroconidia）和毛狀菌絲（trichocysts）。

病徵： 本病原菌在自然界雖不易發現子實體，但有很特別的病徵，仔細觀察不難診斷。本病害初期病徵爲全株黃化萎凋，最後枯死。在大面積林地發生時，通常自一病樹向四週蔓延爲害，發生時間愈久病圈愈大。在排列式行道樹爲害時，也是自發病植株向兩側之健樹爲害，鮮有跳躍式爲害。從黃化到枯死約需1個月至3個月，屬於快速萎凋病。在接近地際部主莖及根部的發病樹木往往有黃色至深褐色菌絲面包圍其表面，但在根部的菌絲面常與泥砂結合而不明顯。本病造成快速萎凋的主要原因是病原菌直接爲害樹皮的輸導組織，造成樹皮環狀壞死，導致水分及養分之輸送遭受阻礙而死亡。本病原菌除爲害根部及地際部樹皮外，也造成該部位之木材白色腐朽。菌絲面鮮少生長高於立木離地1公尺以上的組織。受感染之樹皮內面及木材組織呈不規則黃褐色網紋。

發病生態： 病原菌在春夏潮溼季節偶爾形成子實體，並產生擔孢子，隨風傳播，爲本病菌長距離傳播之初次感染源。因病原菌鮮少形成子實體，以擔孢子擔任初次感染源的機會不大。感染根部殘留在林地爲第二次感染源。在林地主要是健康根部與殘留的病根接觸傳染。本病害主要分布在低海拔地區。本病害喜發生於土壤排水良好及沙質土壤的環境。

防治方法： 本病害的防治方法到目前爲止，只有邁隆通過田間實驗且已經合法登記可供推薦使用，但也僅限於疫區做爲移除受害根莖組織後進行土壤燻蒸消毒使用。所以沒有任何正式殺菌劑被推薦於病害防治

上。然而在實驗室對病原菌之測定及林地初步試驗結果顯示，三得芬、三泰芬、護矽得、亞磷酸、硫酸銅、快得寧、銅快得寧、撲克拉、滅普寧、4-4式波爾多液及尿素等藥劑對本病有某些程度的抑制及治療效果，但因未經完整的試驗結果評估，及合法行政程序登記，仍不適合作爲推薦防治藥劑。同時，本病菌主要爲害根部，藥劑的施用不易達到預期治療效果，因此在考慮治療藥劑的使用與否，仍有值得商確的餘地。事實上，褐根病的防治工作，應以預防爲主，因本病原菌爲害植物初期地上部沒有任何病徵，一旦地上部出現黃化萎凋時，根部已有80%以上受害，在此情況下如欲進行治療處理，其實已爲時已晚。本病原菌主要存活傳染的來源是病殘根，其傳播途徑主要靠病根與健康根的接觸傳染。因此在預防的考慮下，只要可以阻止病根與健康根的接觸，及殺死或除去土壤中的感染病殘根，就可以達到防治效果。以下的防治方法則依據上述的原則。

(1)病土及病株的移動管制：病株及病土在未進行妥適的處理前，不應該任意移植或是傾倒。所謂妥適的處理方式僅限於病株進行燒毀，病土經過燻蒸消毒或是水淹的程序而言，並不包含所謂的土壤改良或是病組織沃堆程序等。褐根病的長距離傳播，除了子實體產生的擔孢子進行所謂的長距離飄散外，絕大部分是透過人的運輸而做長距離感染的，所謂人類的運輸行爲包含惡意的病株及病土棄置及不經意的傳播。不經意的傳播方式往往是民眾或公部門綠美化或造林的善意措施而將病害不小心傳播出去。爲了減緩樹木褐根病的傳播，落實病土及病株的移動管制是非常重要，也需要全民的配合。

(2)疫區土壤燻蒸：將受害植株的根部掘起來集中燒毀，燻蒸區域四周進行阻絕溝的設置，土壤以邁隆（每平方公尺60克）進行均勻攪拌後，加水使土壤潮溼，並覆蓋塑膠布2星期以上進行燻蒸消毒。另外可用尿素石灰替代邁隆進行土壤燻蒸作業，尿素使用量爲700-1000公斤/公頃，酸性土壤另添加石灰粉100-200公斤/公頃，惟尿素及石灰的使用方法及配方需更準確的施用步驟才能達到和邁隆一樣

防治效果。

(3)水淹法：主要是具有灌溉系統的地區或是方便水源取得且可進行蓄水的區域來使用，發病地區將病根崛起後集中燒毀，然後進行3個月的浸水作業，可以殺死存活於殘根的病原菌。

(4)轉作：發病地區如為農業區，可以考慮將根系掘起集中燒毀後，回復水田或是蔬菜等農業耕種，但是不適合種植果樹等寄主植物。

(5)樹木外科手術：此方法目前是唯一實際上可作為救治罹病樹木用的方法，但是主要施用在珍貴樹木或是經濟生產的果樹上，施作時期以發病初期的樹木為主，較可收到最好的效果。方法是完全切除感染部位，更換周圍病土後（病土需另外燻蒸消毒以免擴散），傷口以三得芬及銅快得寧等殺菌劑稀釋500倍淋洗。在完全切除病組織及更換病土後，需同時考慮樹體支撐的問題，再適當給予撫育管理，樹木才會有機會慢慢恢復健康。

(6)掘溝阻斷法：此法可以暫時延緩褐根病的感染，在健康樹與病樹間掘溝深約1公尺，並以強力塑膠布阻隔後回填土壤，以阻止病根與健康根的接觸傳染。但是強力塑膠布的厚度與深度及樹木的種類對於阻絕的效果產生相當大的影響。

(6)其他的處理方式。有許多的藥劑在實驗室中可以獲得很好的抑制病原菌或是直接殺死病原菌的效果，但是在田間實際使用時，由於有害木層孔菌，除了是樹木病原菌外更是木材腐朽菌可以深入木材組織中進行腐生生活，這些藥劑即使具有系統性的藥劑也無法有效的跟病原菌做接觸。這樣的結果，以這些藥劑大量施用在田間，對抑制病害的發展其實很有限。

常見寄主植物：隨著褐根病病害的蔓延擴散，越來越多的新紀錄寄主被發現及發表，常見的寄主植物有小葉南洋杉、肯氏南洋杉、臺灣蘇鐵、臺灣油杉、黑松、羅漢松、臺灣杉、相思樹、油桐、黑板樹、洋紫荊、羊蹄甲、瓊崖海棠、山茶、阿伯勒、樟樹、牛樟、錫蘭肉桂、破布子、錫蘭橄欖、赤桉、檸檬桉、玫瑰桉、印度橡皮樹、愛玉子、

榕樹、梧桐、白雞油、臺灣欒樹、稜萼紫薇、馬櫻丹、銀合歡、重陽木、木棉、鳳凰木、菩提樹、朱槿、黃槿、楓香、潺槁樹、血桐、白千層、山刈葉、烏心石、月橘、夾竹桃、馬拉巴栗、大葉山欖、黃連木、水黃皮、梅樹、印度紫檀、垂柳、小葉桃花心木、榔榆、櫸樹、茵陳蒿、馬鞍藤、山萵苣、海檬果、草海桐、象牙樹、細葉山橙、土楠、小芽新木薑子、吉貝、戟葉變葉木、小構樹、龍眼、荔枝、番荔枝、蓮霧、楊桃、木麻黃類、臺灣肖楠、西印度櫻桃、黃椰子、香楠、江某、白匏仔、紅檜。

⑫ 榕樹感染褐根病後枯萎落葉
⑬ 褐根病新鮮的菌絲面
⑭ 菌絲面常遭落葉泥土等包覆
⑮ 受感染的根系最後鬆軟海綿化
⑯ 樹木褐根病引起樹木無預期傾倒

5. 靈芝根基腐病（Ganoderma root and butt rot）

病原： *Ganoderma lucidum*(Ley. ex Fr) Karst.。本病原屬於擔子菌，子實體一年生，有柄，木栓質。菌蓋腎形、半圓形或近扇形，可達12×20×3 cm，表面褐黃色或紅褐色，有似漆樣光澤。孔口初期白色，後漸變淡褐色或褐色，有時汙黃色或淡黃褐色。菌柄近圓柱形，側生或偏生，罕近中生。三次元菌絲生長，菌絲具扣子體。擔孢子卵形，或頂端平截，雙層壁，外壁無色，平滑，內壁有不明顯小刺，淡褐色或近褐色，大小約9-11×6-7μm。

病徵： 受害樹木的莖基部及近地表的根部常出現子實體，子實體的周圍常因大量黃褐色擔孢子的釋放而有黃褐色的粉末。本病原可為害寄主樹木全株的木材組織，包括根及莖，造成木材白腐朽。本病害雖不會造成寄主植物的快速死亡，但因木材之腐朽，降低木材的質與量，如其寄主植物以生產木材為主，則將造成嚴重的經濟損失。對較感病的寄主例如鳳凰木等或環境不適合寄主時，可為害樹皮的輸導組織，導致全株黃化萎凋，最後枯死，但發病較緩慢，常需數年才能致死樹木，屬於慢速萎凋病，受害樹木易風倒與風折，有公共危險之虞。

發病生態： 病原菌在春夏潮溼季節形成子實體並產生大量擔孢子，隨風傳播，為本病菌長距離傳播的初次感染源。擔孢子發芽後需經由傷口才能感染新植株。殘留在林地之感染根部為第二次感染源。在林地也可經由健康根部與病根的接觸傳染。本病原主要分布在低海拔。本病害發生於土壤排水良好的環境。

防治方法： 本病害的防治方法與褐根病相同。另外，因靈芝

⑰ 靈芝子實體

常形成子實體並產生大量擔孢子飛散傳播。防治上，除褐根病的方法外，可增加下列方法：(1)子實體清除法：在林地將初生的子實體清除，減少擔孢子的形成及傳播，以減少初次感染源。(2)盡量避免造成植株人為傷口，如除草或其他作業造成之傷口。因擔孢子是經由植株的傷口感染，減少人為傷口可以降低新的感染機會。

常見寄主植物： 多種闊葉樹及針葉樹，如榕樹、鳳凰木、木麻黃、棕櫚類及松樹等。

6. 南方靈芝根基腐病（Ganoderma root and butt rot）

病原： *Ganoderma australe* (Fr.)Pat.。

本病原屬於擔子菌，子實體多年生，無柄、木栓質至木質。菌蓋半圓形，上表面黑褐色至灰褐色，無似漆樣光澤。孔口近圓形，淡黃色。三次元菌絲，生長菌絲具扣子體。擔孢子卵形或頂端平截，雙層壁，外壁無色，平滑，內壁小刺清楚，淡褐色至褐色，大小約7.5-8.5×4.5-5.5μm。

病徵： 受害寄主植物的莖基部常出現子實體，子實體的周圍常因大量黃褐色孢子的釋放而有黃褐色之粉末。本病原可為害寄主植物全株的木材組織，包括根及莖，造成木材白腐朽，本病害雖不會造成寄主植物的快速死亡，但因木材之腐朽，降低木材的質與量，如其寄主植物以生產木材為主，則將造成嚴重的經濟損失。對較感病的寄主或環境不適合寄主時，可為害樹皮的輸導組織，導致全株黃化萎凋，最後枯死，但其為害樹皮的速度較緩慢，常需數年才能致死物植物，屬於慢速萎凋病。受害樹木易風倒與風折，有公共危險之虞。

發病生態： 病原菌子實體為多年生，因此當環境適合擔孢子形成時，如溫暖潮溼，其可隨時產生擔孢子，隨風傳播，為本病菌長距離傳播的初次感染源。擔孢子發芽後需經由傷口才能感染新植株。殘留在林地之感染根部為第二次感染源。在林地可經由健康根部與病根的接觸傳染。本病原自低海拔至中高海拔均有分布。本病害發生於土壤排水良好的環境。

防治方法：本病害的防治方法與褐根病相同。另外，因南方靈芝常形成子實體並產生大量擔孢子飛散傳播。防治上，除褐根病的方法外，可增加下列方法：(1)子實體清除法：在林地將初生的子實體清除，減少擔孢子的形成及傳播，以減少初次感染源。(2)盡量避免造成植株人為傷口，如除草或其他作業造成之傷口，因擔孢子需經由植株的傷口感染，減少人為傷口可以降低新的感染機會。

常見寄主植物：多種闊葉樹及針葉樹，如相思樹、鳳凰木、黃蓮木、木麻黃、樟樹、油桐、泡桐、棕梠類、紅檜。

⑱ 南方靈芝子實體及黃褐色之孢子粉
⑲ 南方靈芝感染鳳凰木導致地上部之枯死

7. 小孔硬孔根基腐病（Rigidoporus root and butt rot）

病原：*Rigidoporus microporus*（Fr.）Overeem.。本病原菌屬於擔孢子，子實體一年生，平伏至具菌蓋，無柄常聚生在一齊，菌蓋半圓形，表面初期橘紅褐色，後褪色成木材色。孔口圓形至多角形，6～9個/mm，與菌蓋表面同色。一次元菌絲，生長菌絲不具扣子體。擔孢子次卵形，無色，平滑，大小3.5-4.5×3.5-4μm。

病徵： 受害寄主植物的莖基部常出現子實體。本病原可爲害寄主樹木全株的木材組織，包括根及莖，造成木材白腐朽。本病害雖不會造成寄主植物的快速死亡，但因造成木材之腐朽，降低木材的質與量，如其寄主植物以生產木材爲主，則將造成嚴重的經濟損失。本病同時爲害樹皮造成輸導組織環狀壞死，導致全株黃化萎凋，最後枯死，樹皮與木材之接觸面常有白色菌絲面。受害樹易風倒與風折，有公共危險之虞。

發病生態： 病原菌在潮溼的季節形成子實體，產生大量擔孢子，隨風傳播，爲本病菌長距離傳播的初次感染源。擔孢子發芽後需由傷口才能感染新植株。殘留在林地之感染根部爲第二次感染源。在林地可經由健康根部與病根的接觸傳染。本病原分布於中低海拔。本病害發生於土壤排水良好的環境。

防治方法： 同南方靈芝根基腐病。

常見寄主植物： 多種闊葉樹，如樟樹、吉那樹、相思樹、鳳凰木。

⑳ 硬孔菌感染樹木病於樹基部產生子實體

8. 松樹白根腐病（Heterobasidion root rot of Pinus）

病原： *Heterobasidion insulare* (Murr.) Ryv.。

本病原屬擔子菌，子實體1年生至多年生，無柄，反轉或平伏，菌蓋近圓形至不規則形，單生至聚生，最大達9×15×5cm，老熟的菌蓋覆紅褐色表皮。孔口圓形至角形，象牙色至淡粉紅色。二次元菌絲，生長菌絲偶具扣子體。擔孢子次圓形至卵形，無色，表面具小刺至平滑，大小4.5-6.5×3.4-4.5μm。

病徵： 受害樹皮的莖基部及近地表的根部常出現子實體，樹皮與木材間有明顯白色菌絲面。本病原可為害寄主樹木全株的木材組織，包括根及莖，造成木材白腐朽。本病

㉑ *Heterobasidium insulare* 之子實體

害雖不會造成寄主植物的快速死亡，但因木材之腐朽，降低木材的質與量，如其寄主植物以生產木材為主，則將造成嚴重的經濟損失。本病原同時為害樹皮，導致全株出長不良，黃化萎凋，最後枯死，通常見以一棵病樹為中心向四周擴散為害。

發病生態： 病原菌子實體為1年生至多年生，因此當環境適合形成擔孢子時，如潮溼的秋冬春季（低海拔），其可隨時產生擔孢子，隨風傳播，為本病菌長距離傳播的初次感染源。擔孢子通常自新鮮的莖基部切口感染。殘留在林地之感染根部為二次感染源。在林地可經由健康根部與病根的接觸傳染。本病害發生於土壤排水良好的環境。

防治方法：

(1)新砍伐松樹的基部施用硼砂，尿素或木材腐朽菌*Peniophora gigantea*。

(2)發病地區，夏季進行砍伐作業。

常見寄主植物： 琉球松、黑松及其他松科植物。

9. 牛樟心材褐腐病（Brown heart rot of Cinnamomum kanehirae）

病原： *Antrodia cinnamomea* Chang & Chou

本病原菌屬於擔子菌，普遍名為牛樟菇或樟芝，為臺灣特有種。子實體平伏，反卷至部分三角狀，長形，半圓形，逐漸變成馬蹄形和不規則形，與木材接觸緊且寬，邊緣不孕，木栓化至木質化，很強苦味，

上表面初橘紅色，橘褐色至淡肉色，之後變成褐色或黑色，平滑，具同心環。菌孔圓形至角形、4-6個／mm，菌孔表面新鮮時橘紅色，橘褐色至淡肉桂色，老化時變褚褐色。無菌肉層或薄，與菌孔同色。菌管長達40 mm，不分層，與菌孔同色。菌絲三次元。擔子柄棍棒狀，12-14×3.0-5.0 μm，擔孢子微彎柱形，無色，平滑，大小約3.5-5.0×1.5-2 μm。

病徵： 引起心材褐色腐朽，腐朽木呈現層狀及方塊狀。從林地的觀察，本病原僅為害木材組織，對活組織似乎沒有病原性，但因木材之腐朽，降低木材的質與量，影響牛樟木材品質與材積甚鉅。從天然林砍伐之木材觀察，幾乎100%的牛樟木材多少都有心材褐腐朽。受害樹木易風倒與風折。

發生生態： 病原菌子實體為多年生，因此當環境適合擔孢子形成時，如溫暖潮溼，其可隨時產生擔孢子，隨風傳播，為本病菌長距離傳播的初次感染源。擔孢子發芽後需經由傷口才能感染新植株。殘留在林地之罹病根部為第二次感染源。在林地也可經由健康根部與病根的接觸傳染。本病分布於牛樟天然林生育地。

㉒ 引起牛樟心材褐腐病之腐朽菌（*Antrodia cinnamomea*）子實體

防治方法： 同松樹白根基腐病。

10. 梅樹莖腐病（Phellinus stem rot of *Prunus mume*）

病原： 梅木層孔菌（*Phellinus prunicola* Chang & Chou）

本病原屬於擔子菌，子實體一年生至多年生，平伏、木質，菌孔口咖啡褐色至暗褐色，微閃光。二次元菌絲，生長菌絲不具扣子體。擔孢

子橢圓形至卵形，無色至淡褐色，大小4-5×3-3.5μm。

㉓ 梅樹莖腐病菌子實體

病徵：本病原菌病原性較弱，一般只為害樹幹的木材，引起木材白腐朽，造成木材品質及機械降低，因此易風倒及折斷。

發生生態：病原菌子實體多年生，因此當環境適合形成擔孢子時，如溫暖潮溼，其可隨時形成擔孢子，隨風傳播，為本病菌長距離傳播的初次感染源。擔孢子發芽後需經由傷口才能感染新植株。本病原菌分布在低海拔地區。

防治方法：

1.受害樹幹切除燒毀，以避免蔓延及形成子實體。

2.部分枝條受感染時，可以利用外科手術切除的方式將受感染組織切除，來維護受害樹木的存活。

11. 白紋羽病（White root rot）

病原：*Rosellinia necatrix* Prill（無性世代：Dematophora necatrix Hartig）

本病原屬子囊菌，但在臺灣很難發現子實體，成熟子囊殼呈黑褐色，碳質，圓球形，直徑1.7-2.3 mm。殼頂有盾狀物，中央有孔口頂上並生有許多黑色硬質剛毛。子囊圓柱形，壁膜單層，大小250-380×8-10μm，內有8個子囊孢子。子囊孢子深褐色，長形，兩端尖細，單細胞，大小36-56×6-8μm。部分菌絲在隔膜處有膨大現象，為本菌在人工培養時的重要特徵。在純培養或病組織表面產生大量的孢柄束（synnemata）及分生孢子，其特徵屬不完全菌之Demato- phora necatrix Hartig。

病徵： 白紋羽病菌主要爲害寄主植物的根部及基部，在潮溼的環境下產生大量白色羽毛狀的菌絲覆蓋在病組織表面，將罹病根表皮剝離，也可發現放射羽毛狀的菌絲在表皮下面，本病菌最後可以遍及整個根部。本病原爲害寄主植物的根部造成根部腐敗，由於根部腐敗導致罹病植株的葉片黃化、褐變、枯萎、繼而落葉，最後全株萎凋死亡。在罹病地區，由於病原菌在土壤中借由感染根部的傳播，使其發病模式形成由一中心點向外輻射狀的擴大。

發生生態： 本病原菌在自然界不易形成有性世代子實體，但在潮溼的季節形成大量的無性分生孢子，因此無性孢子可能是長距離傳播的初次感染源。殘存在田間的病根則是長期存活及二次感染源。在田間可經由健康根部與病根的接觸傳染。本病害發生於土壤排水良好的環境。

防治方法：

1.發病地區於再植前利用燻蒸劑處理病土。

2.將受害植株的根部掘起並燒毀。

3.受害地區的土壤可於夏天將其犁開，並覆蓋塑膠布利用太陽能殺菌，處理6-8星期。

4.初期罹病植株的根部，可參考植物保護手冊灌注殺菌劑，如貝芬替、免賴得或邁隆等藥劑之500倍液，再於土表覆以透明之塑膠布。

常見寄主植物： 櫻花樹、枇杷、桃樹、橫山梨、梅樹、蘋果樹、葡萄。

㉔ 白紋羽病菌在橡膠樹根上產生子實體

12. 長尾尖葉櫧根莖腐病（Phellinus root and stem rot of *Castanopsis carlesis*）

病原： 淡黃木層孔菌（*Phellinus gilvus*）（Schw.）Pat.

本病原屬於擔子菌，子實體多年生，木栓質至木質，菌蓋反轉至無柄，單生或聚生，半圓形。表面暗黃褐色，具絨毛或無毛。孔口面暗紫褐色，具微閃光。二次元菌絲，生長菌絲不具扣子體。剛毛、豐富、中央膨大、頂端尖銳、厚壁、深褐色，大小12-42×4-6μm。擔孢子，無色橢圓形至卵形，大小4-6×3-5μm。

病徵： 本病原菌之病原性較弱，一般只為害木材，引起木材白色腐朽，其腐朽之木材自根部至莖部，造成木材品質之降低，受害樹木的根部及莖部因腐朽而降低機械力，因此受害樹木易風倒或折斷。

發生生態： 病原菌子實體為多年生，因此當環境適合形成擔孢子時，如溫暖潮溼，其可隨時產生擔孢子，隨風傳播，為本病菌長距離傳播的初次感染源。擔孢子發芽後需經由傷口才能感染新植株。殘留在林地之感染植株的根部為第二次感染源。在林地也可經由健康植株的根部與病根接觸傳染。本病原主要分布在中海拔天然闊葉林。

防治方法： 因目前多發生於天然林，同時很可能與殼斗科樹木天然更新機制有關，不做任何防治推薦。

常見寄主植物： 長尾尖葉櫧及其他殼斗科植物。

㉕ 引起長尾尖葉櫧根莖腐病之淡黃木層孔菌子實體。
㉖ 狹長孢子靈芝之子實體

13. 狹長孢子靈芝（Ganoderma root and butt rot）

病原： 狹長孢靈芝（*Ganoderma boninense* Pat.）

本病原屬於擔子菌，子實體一年生，無柄或有短粗的柄，木栓質至木質。菌蓋略圓形，達9×9×1.2cm，表面暗紫色，有似漆樣光澤。孔口近圓形，灰褐色。菌柄位背部近中央的固著基部。三次元菌絲，生長菌絲具扣子體。擔孢子狹長卵形或頂端平截，雙層壁，外壁無色，平滑，內壁有不明顯的小刺，淡黃褐色，大小9-12.5×5.5-7.5μm。

病徵： 受害寄主植物的莖基部及近地表的根部常出現子實體，子實體的周圍常因大量黃褐色擔孢子的釋放而有黃褐色的粉末。本病原可為害寄主樹木全株的木材組織，包括根及莖，造成木材白腐朽。本病害雖不會造成寄主植物的快速死亡，但因木材之腐朽，降低木材的質與量，如其寄主植物以生產木材為主，則將造成嚴重的經濟損失。對較感病的寄主或環境不適合寄主時，可為害樹皮的輸導組織，導致全株黃化萎凋，最後枯死，但其為害樹皮的速度較緩慢，常需數年才能致死植物，屬於慢速萎凋病。受害樹木易風倒與風折，有公共危險之虞。

發生生態： 病原菌在春夏潮溼季節形成子實體並產生大量擔孢子，隨風傳播，為本病菌長距離傳播的初次感染源。擔孢子發芽後需經由傷口才能感染新植株。殘留在林地之感染根部為第二次感染源。在林地也可經由健康根部與病根的接觸傳染。本病原主要分布在低海拔。本病害發生於土壤排水良好的環境。

防治方法： 本病害的防治方法與褐根病相同。另外，因靈芝類的病原菌常形成子實體並產生大量擔孢子飛散傳播。防治上，除褐根病的方法外，可增加下列方法：(1)子實體清除法：在林地將初生的子實體清除，減少擔孢子的形成及傳播，以減少初次感染源。(2)盡量避免造成植株人為傷口，如除草或其他作業造成之傷口，因擔孢子需經由植株的傷口感染，減少人為傷口可以降低新的感染機會。。

常見寄主植物： 多種闊葉樹，如木麻黃、棕櫚類。

14. 韋伯靈芝根基腐病（Ganoderma root and butt rot）

病原：韋伯靈芝（Ganoderma weberianum（Bres. & Henn.）Steyaert）

本病原屬擔子菌，子實體一年生，木栓質至木質。菌蓋扇形至具殼形，寬達13 cm，表面黑褐色至紫藍色，有似漆樣光澤。孔口近圓形，汙白色至淡褐色。菌柄側生偏生或無柄。三次元菌絲，生長菌絲具扣子體。擔孢子卵形或頂端平截，雙層壁，外壁無色，平滑，內壁細小刺，淡褐色，大小6-8.5×4.5-6μm。

病徵：受害樹木的莖基部及近地表的根部常出現子實體，子實體的周圍常因大量黃褐色擔孢子的釋放而有黃褐色的粉末。本病原可為害寄主樹木全株的木材組織，包括根及莖，造成木材白腐朽。本病害雖不會造成寄主植物的快速死亡，但因木材之腐朽，降低木材的質與量，如其寄主植物以生產木材為主，則將造成嚴重的經濟損失。對較感病的寄主或環境不適合寄主時，可為害樹皮的輸導組織，導致全株黃化萎凋，最後枯死，但發病較緩慢，常需數年才能致死樹木，屬於慢速萎凋病。受害樹木易風倒與風折，有公共危險之虞。

發生生態：同狹長孢靈芝根基腐病。

防治方法：本病害的防治方法與褐根病相同。另外，因靈芝類的病原菌常形成子實體並產生大量擔孢子飛散傳播。防治上，除褐根病的方法外，可增加下列方法：(1)子實體清除法：在林地將初生的子實體清除，減少擔孢子的形成及傳播，以減少初次感染源。(2)盡量避免造成植株人為傷口，如除草或其他作業造成之傷口，因擔孢子需經由植株的傷口感染，減少人為傷口可以降低新的感染機會。

常見寄主植物：多種闊葉樹及針葉樹，如相思樹、木麻黃、榕樹、水柳、肯氏南洋杉。

㉗ 韋伯靈芝根基腐病
㉘ 相思樹根系上長出的假芝

15. 假芝根基腐朽（root and butt rot caused by Amauroderma rugosum (Bl. et Nees) Bres.）

病原菌：假芝烏芝（*Amauroderma rugosum*（Bl. et Nees）Bres.）

病徵：常出現在木麻黃或是相思樹的根系或是樹基部，屬白腐菌，為害木材之木質素與纖維素，導致木材白腐朽，降低樹木之機械支持力，使樹生立木易受風害倒伏。經常出現在相思樹或是木麻黃造林地林相衰退的時候。

發生生態：於溫暖潮溼的季節產生擔孢子，擔孢子並隨風飛散傳播，擔孢子遇樹幹傷口處發芽感染。感染地上部的木材腐朽菌通常不具病原性，僅為害木材組織，因此受其感染的木麻黃外表沒有表現病徵。因其不具病原性，感染樹木必須經由樹幹的傷口進入。然受感染的相思樹則常出現在根系或是根基部位且相思樹受感染後往往樹冠呈現稀疏的狀態。

防治方法：

1. 子實體清除法：在林地將初生的子實體清除，減少擔孢子的形成及傳播，以減少初次感染源。

2. 植株盡量避免造成人為傷口，因擔孢子是經由植株的傷口感染，所以減少人為傷口的形成可以除低感染機會，如除草或其它作業造成之傷口。

寄主植物：寄主範圍非常廣泛幾乎闊葉樹皆可能出現感染，臺灣最常見的樹木是相思樹與木麻黃。

參考文獻

張東柱（1994）。臺灣檜木類之病害（一）。林試所簡訊，1(3)：18-19。

張東柱（1995）。臺灣檜木類之病害（二）。林試所簡訊，2(1)：3-7。

張國柱、陳麗鈴、邱文慧（1997）。牛樟之炭疽病和褐根腐病。臺灣林業科學，12：373-378。

傅昭憲（1991）。臺灣三種靈芝菌之培養性狀、病原性與腐朽之研究。國立臺灣大學森林研究所碩士論文。

嚴碧昭、張東註、郭幸榮（2002）。Heterobasidiom insulare 引起琉球松根基腐病及其培養生理。臺灣林業科學，17(1)：31-39。

Chang, T. T. (1992). Decline of some forest trees associated with brown root rot caused by Phellinus noxius. Plant Pathol. Bull. 1:90-95.

Chang, T. T. (1995). Decline of nine tree species associated with brown root rot caused by Phellinus noxius in Taiwan. Plant Dis. 79: 962-965.

Chang, T. T. (1996). Nine species of polypores new to Taiwan. Fungal Science 11:31-38.

Chang, T. T. (1996). Survival of Phellinus noxius in soil and in the roots of Dead host plants. Phytopathology. 86:272-276.

Chang, T. T. (1998). Phellinus noxius in Taiwan:distribution, host plants and The pH and texture of the rhizosphere soils of infected hosts. Mycol. Res. 102:1085-1088.

Chang, T. T. and W. N. Chou. (1995). Antrodia cinnamomea sp. nov. on *Cinnamomum kanehirai* in Taiwan. Mycol. Res. 99: 756-758.

參考文獻

1. 王守範（1947）。阿里山柳杉苗圃病蟲害調查報告。林試所所訊，18: 140，19: 145，20: 151。

2. 王國強（1968）。杉木幼苗立枯病之研究。臺大實驗林研究報告第 62 號。

3. 王國強（1972）。根瘤線蟲爲害苗木之調查。臺大實驗林研究報告第 102 號。

4. 王維洋（1992）。臺灣桉樹病害調查報告。林試所研究報告季刊，7(2): 179-194。

5. 王維洋、王凉綢（1989）。三種光學顯微鏡技術診斷泡桐簇葉病之比較。林試所研究，報告季刊，4(1): 23-30。

6. 王炎（2007）。上海林業病蟲。上海：上海科學技術出版社。479 頁。

7. 中華民國自然步道協會（2001）。臺北市珍貴大樹樹籍調查期末報告。臺北市：臺北市政府文化局。177 頁。

8. 白井覺太郎、原攝佑（1927）。實驗樹木病害篇。東京養賢堂。402 頁。

9. 行政院農業委員會農藥毒物試驗所（編印）（2012）。植物保護手冊。1079 頁。

10. 林納生、江濤、林維治、張添榮（1981）。臺灣竹簇葉病之調查與研究。中華林學季刊，14(1): 135-148。

11. 林納生、陳脈紀、江濤、林維治（1979）。臺灣竹類嵌紋病之初步研究。林試所報告，第 317 號。

12. 段中漢、蔡武雄、杜金池（1990）。枇杷白紋羽病之傳播及防治。中華農業研究，39: 47-54。

13. 孫岩章（1995）。臺灣地區空氣汙染對植物之影響。植保會刊，37: 141-156。

14. 孫守恭（1967）。臺灣溫帶果樹之病害。植保會刊，9: 96-97。

15. 孫守恭、黃振文（1996）。臺灣植物鐮胞菌病害。臺北市：四維出版社。170 頁。

16. 孫守恭（1992）。臺灣果樹病害。臺北市：四維出版社。550 頁。

17. 徐世典、張瑞璋、曾國欽、梁榮光（1991）。臺灣發生之玉米細菌性條斑病。植保會刊，33: 376-383。

18. 柯勇、孫守恭（1991）。桃樹流膠病初步研究。植保會刊，33: 434。

19. 柯勇、孫守恭（1992）。*Botryosphaeria dothidea* 引起之流膠病。植病會刊，1: 70-78。

20. 徐公天（2003）。園林植物病蟲害防治原色圖鑑。中國農業出版社。384 頁。

21. 許秀惠、林俊義、陳福旗（1997）。榕樹細菌性癌腫病菌（*Agrobacterium tume faciens*）在臺灣之發生。植保會刊，39: 195-205。

22. 黃振文、孫守恭（1997）。臺灣產鐮胞菌。臺北市：四維出版社。116 頁。

23. 黃德昌（1998）。玫瑰癌腫病菌的生態與防治。農業世界，183: 24-28。

24. 張玉珍、蘇鴻基、吳瑞鈺（1979）。臺灣泡桐簇葉病的初步研究。中美作物菌質研究論文集（英文）。

25. 張東柱（1991）。*Calonectria kyotensis* 引起牛樟扦插苗黑腐病。中華林學季刊，24(2): 111-120。

26. 張東柱（1992）。牛樟扦插苗之兩種新病害。林試所研究報告季刊，7: 31-236。

27. 張東柱（1993）。三種土肉桂葉部新病害。林試所研究報告季刊，8: 51-59。

28. 張東柱（1993）。土肉桂根圈腐霉菌調查及其病原性測定。植病會刊，2: 66-70。

29. 張東柱（1994）。三椏白絹病其病原菌存活。林試所研究報告季刊，9: 191-196。

30. 張東柱（1994）。*Calonectria crotalariae* 引起臺灣欒樹之黑腐病。林學季刊，27: 15-22。

31. 張東柱（1994）。臺灣檜木類之病害（一）。林試所簡訊，1(3): 18-19。

32. 張東柱（1995）。臺灣檜木類之病害（二）。林試所簡訊，2(1): 3-7。

33. 張東柱（1995）。臺灣三種木本植物之輪斑病。林試所研究報告季刊，10: 235-240。

34. 張東柱（1997）。立枯絲核菌引起山木麻黃和大花紫薇苗猝倒病。臺灣林業科學，12: 45-50。

35. 張東柱（1997）。*Dematophora necatrix* 引起櫻花白紋羽病。臺灣林業科學，12: 73-77。

36. 張東柱、陳麗鈴、邱文慧（1997）。牛樟之炭疽病和褐根腐病。臺灣林業科學，12: 373-378。

37. 張東柱、謝煥儒、張瑞璋、傅春旭（1999）。臺灣常見樹木病害。臺北市：林業試驗所。204 頁。

38. 張瑞璋（1997）。臺灣松材線蟲萎凋病之防治。林木病蟲害研討會論文集。中華林學會、臺灣省林業試驗所印行。17-25 頁。

39. 張瑞璋、曾顯雄、顏志恆（1997）。松材線蟲防治手冊。林試所林業叢刊第 71 號。42 頁。

40. 莊鈴木、傅春旭、胡寶元、蕭文偉（2005）。珍貴老樹病蟲害圖鑑。林務局。85 頁。

41. 郭章信、蔡竹固、李明仁（1994）。紅檜及臺灣杉種子之真菌相調查及其病原性測定。中華林學季刊，27(3): 3-10。

42. 陳大武。臺灣森林苗圃針葉樹幼苗之病害。植保會刊，4: 74-82。

43. 陳大武、羅清澤、李春祉（1963）。杉木幼苗立枯病之研究。農林學報，12: 279-324。

44. 陳其昌（1968）。臺灣森林之傳染性病害調查（第 5 報）。植保會刊，10(4): 11-31。

45. 陳其昌（1970）。臺灣竹類之新病害。臺大農學院研究報告，11(2): 101-112。

46. 陳其昌（1972）。泡桐真菌學之研究。臺大農學院研究報告，13(1): 160-171。

47. 陳其昌、杜明（1973）。臺灣泡桐瘡痂病之接種及農藥試驗。臺大農學院研究報告，14(2):147-161。

48. 陳瑞青（1958）。臺灣柳杉赤枯病之防除研究。臺大實驗林研究報告第 18 號。

49. 陳瑞青（1961）。杉木播種苗立枯病發生後之藥劑防治效果。臺灣森林，6(1): 26-28。

50. 陳　霖（1987）。臺灣產桑生科分類之研究。國立中興大學森林研究所碩士論文。

51. 無名氏（1998）。植物保護手冊。行政院農業委員會農藥技術諮詢委員會審定。臺灣省政府農林廳編印。p686。

52. 曾顯雄、朱耀沂（1986）。松材線蟲病及防治對策。臺灣省林務局，28頁。

53. 曾顯雄、簡相堂、邱順慶（1985）。松樹線蟲萎凋病及其在臺灣之發生。臺大植病學報，12: 1-19。

54. 曾顯雄、顏志恒（1989）。臺灣松材線蟲萎凋病之發生及其防治。植物線蟲病害防治研討會專集，15-32頁。

55. 逸見武雄（1940）。植物病理之諸問題。東京合會資社西原刊行會。478頁。

56. 傅昭憲（1991）。臺灣三種靈芝菌之培養性狀、病原性與腐朽之研究。國立臺灣大學，森林研究所碩士論文。

57. 傅春旭、莊鈴木、張東柱、吳孟玲（2001）。2000臺灣重要樹木病蟲害之調查。中華林學季刊，34(3): 271-8。

58. 傅春旭、莊鈴木、張東柱、吳孟玲（2002）。臺灣老樹重要病害調查。中華林學季刊 35(1): 1-7。

59. 傅春旭、孫銘源、胡寶元（2003）。以樹木外科手術法處理桃花心木褐根病之案例報告。中華林學季刊，36(3): 307-310。

60. 傅春旭、張東柱、孫銘源、胡寶元、蕭文偉（2003）。以農用燻蒸劑—邁隆進行褐根腐病害區之土壤燻蒸消毒，國立臺灣大學農學院實驗林研究報告 17(3): 153-158。

61. 傅春旭、張東柱（2009）。老樹木材腐朽菌圖鑑。林務局。123頁。

62. 廖健雄（1988）。花木果病蟲害防治，五洲出版社。916頁。

63. 黃潔華、應之璘（1975）。臺灣泡桐萎縮病的防治。豐年，25(15): 18-19。

64. 劉嵋恩（1982）。臺北市花卉病害之調查研究。

65. 萬家芝（1960）。恒春桃花心木之 Canker 病害。林試所所訊，78: 586-588。

66. 萬家芝（1962）。杉木苗芽枯病之防治試驗結果報告（第二次）。林試所所訊，138: 198-120。

67. 萬家芝（1863）。杉木苗圃赤枯病防治試驗初步報告。林試所所訊，148: 1291。

68. 雷志達、蘇鴻基（1976）。竹嵌紋病之病原病毒。植保會刊，18: 397-398。

69. 趙繼鼎、徐連旺、張小青（1981）。中國靈芝。北京：科學出版社。78頁。

70. 廖國瑛（1990）。臺灣產菟絲子屬與無根藤屬植物寄生現象之研究。國立中興大學植物研究所碩士論文。

71. 澤田兼吉（1919）。臺灣產菌類調查報告第一編。臺灣總督府農事試驗場特別報告第 19 號。

72. 澤田兼吉（1922）。臺灣產菌類調查報告第二編。臺灣農業部報告第 2 號。

73. 澤田兼吉（1928）。臺灣產菌類調查報告第四編。臺灣中央研究所農事部報告第 35 號。

74. 澤田兼吉（1931）。臺灣產菌類調查報告第五編。臺灣中央研究所農事部報告第 51 號。

75. 澤田兼吉（1933）。臺灣產菌類調查報告第六編。臺灣中央研究所農事部報告第 61 號。

76. 澤田兼吉（1942）。臺灣產菌類調查報告第七編。臺灣農業部報告第八十三號。

77. 澤田兼吉（1943）。臺灣產菌類調查報告第八編。臺灣農試所報告第 85 號。

78. 澤田兼吉（1944）。臺灣產菌類調查報告第十編。臺灣農試所報告第 87 號。

79. 應之璘（1982）。森林病害。行政院科技顧問組植物保護聯繫協調小組報告：276-279。

80. 應之璘、簡秋源、戴維生（1976）。相思樹根腐病之研究。中華林學季刊，9(1): 17-21。

81. 謝煥儒（1979）。臺灣木本植物病害調查報告（二）。中華林學季刊，12(4): 91-97。

82. 謝煥儒（1980）。臺灣木本植物病害調查報告（三）。中華林學季刊，13(3): 129-139。

83. 謝煥儒、馮達和（1983）。臺灣地區泡桐病害之研究。林試所報告第 388 號。

84. 謝煥儒（1981）。臺灣木本植物病害調查報告（四）。中華林學季刊，14(3): 77-85。

85. 謝煥儒（1983）。臺灣木本植物病害調查報告（六）。中華林學季刊，16(1): 69-78。

86. 謝煥儒（1983）。臺灣木本植物病害調查報告（七）。中華林學季刊，16(4): 385-393。

87. 謝煥儒（1983）。臺灣植物白粉病之調查（一）。林試所試驗報告，383: 1-14。

88. 謝煥儒（1983）。臺灣地區泡桐病害之研究。林試所試驗報告第388號，24頁。

89. 謝煥儒、馮達和（1980）。泡桐類幼苗猝倒病及根腐病之初步研究。中華林學季刊，13(12): 69-75。

90. 謝煥儒（1984）。臺灣木本植物病害調查報告（八）。中華林學季刊，17(3): 61-73。

91. 謝煥儒（1985）。臺灣木本植物病害調查報告（九）。林試所試驗報告，445: 1-9。

92. 謝煥儒（1985）。臺灣木本植物病害調查報告 (10)。中華林學季刊，18(2): 55-63。

93. 謝煥儒（1985）。臺灣之重要森林苗圃病害。現代育林，1(1): 83-92。

94. 謝煥儒（1986）。臺灣木本植物病害調查報告 (11)。中華林學季刊，19(1): 103-114。

95. 謝煥儒（1986）。臺灣木本植物病害調查報告 (12)。中華林學季刊，19(3): 87-98。

96. 謝煥儒（1987）。臺灣木本植物病害調查報告 (13)。中華林學季刊，20(1): 65-75。

97. 謝煥儒（1990）。臺灣木本植物病害調查報告 (14)。中華林學季刊，23(3): 39-43。

98. 謝煥儒（1999）。新竹市受保護樹木診斷計畫成果報告書。新竹市政府。44頁。

99. 謝煥儒、曾顯雄、傅春旭、胡寶元、蕭祺暉（2002）。臺灣森林常見病害彩色圖鑑 (2)。林務局，137頁。

100. 謝文瑞、吳德強（1989）。臺灣原記錄之尾子菌及其相關屬之訂正與新歸類。中菌會刊，4: 9-41。

101. 蔡雲鵬（1991）。臺灣植物病害名彙中華植物保護學會。604頁。

102. 蘇鴻基、蔡麗杏（1983）。泡桐屬對簇葉病之抗病性研究。中華林學季刊，16(2): 187-203。

103. Agrios, G. N. (2005). Plant pathology [5th ed.]. Elsevier. USA. p922.

104. Ash, C. L. (1999). Shade tree wilt diseases. The American Phytopathological Society Press. p257.

105. De Cleene, M., and De Ley, J. (1976). The host range of crown gall. Bot. Rev. 42: p389-466.

106. Escobar, M. A., and Dandekar, A. M. (2003). Agrobacterium tumefaciens as an agent of disease. Trends Plant Sci. 8: 380-386.

107. Chang, T. T. (1992). Decline of some forest trees associated with brown root rot caused by *Phellinus noxius*. Plant Pathol. Bull. 1: 90-95.

108. Chang, T. T. (1992). A new disease of *Cinnamomum osmophloeum* caused by *Calonectria theae*. Plant Pathol. Bull. 1: 153-155.

109. Chang, T. T. (1993). Decline of two Cinnamomum species associated with *Phytophthora cinnamomi* in Taiwan. Plant Pathol. Bull. 2: 1-7.

110. Chang, T. T. (1993). *Cylindroclaadium* and *Cylindrocladiella* species new to Taiwan. Bot.Bull. Acad. Sin. 34: 357-361.

111. Chang, T. T. (1995). Decline of nine tree species associated with brown root rot caused by *Phellinus noxius* in Taiwan. Plant Dis. 79: 962-965.

112. Chang, T. T. and W. N. Chou. (1995). Antrodia cinnamomea sp. nov. on *Cinnamomum kanehirai* in Taiwan. Mycol. Res. 99: 756-758.

113. Chang, T. T. (1996). Survival of Phellinus noxius in soil and in the roots of dead host plants. Phytopathology 86: 272-276.

114. Chang, T. T. (1996). Nine species of polypores new to Taiwan. Fungal Science 11: 31-38.

115. Chang, T.T. (1998). Phellinus noxius in Taiwan: distribution, host plants and the pH and texture of the rhizosphere soils of infected hosts. Mycol. Res. 102: 1085-1088.

116. Chang, T. T. and W. N. Chou. (1999). Two new species of Phellinus from Taiwan. Mycol. Res. 103: 50-52.

117. Chang, T. T. and R. J. Chang. (1999). Generation of volatile ammonia from urea fungicid- al to Phellinus noxius in infested wood in soil under controlled conditions. Plant Pathol- ogy (in press).

118. Chang, T. T. (1999). Chemical control of Casuarina brown root disease caused by Phell- inus noxius. In Proceedings of 5th International Conference on Plant Protection in the Tropics, p402-406. March 15-18, (1999), Kuala Lumpur, Malaysia.

119. Chase, A. R. and T. K. Broschat. (1991). Disease and disorders of ornamental palms. 56 pp. APS Press. St. Paul, MN, USA.

120. Chen, C. C. (1964-1968). Survey of epidemic diseases of forest trees in Taiwan I-V.

121. Chen, T. H. and Y. T. Lu. (1995). Partial characterization and ecology of bamboo mosaic potexvirus from bamboos in Taiwan. Plant Pathol. Bull. 4: 83-90.

122. Cummins, G. B. and Y. Hiratsuka. (1983). Illustrated genera of rust fungi. 152 pp. APS Press, St. Paul, MN, USA.

123. Fu ,C. H. and Lin, F. Y. (2012). First Report of Zonate Leaf Spot of Cinnamomum kanehirae Caused by Hinomyces moricola in Taiwan. Plant Dis.96: 1226.

124. Hayward, A. C. (1983). Pseudomonas: The non-fluorescent pseudomonads. Pages 107-140 in P. C. Fahy, and G. J. Persley, eds. Plant bacterial disease, a diagnostic guide. Academic Press, Australia.

125. Hu, B. Y., Hsiao W. W., Fu C. H. (2002). First Report of Zonate Leaf Spot of Artocarpus altilis Caused by Cristulariella moricola in Taiwan. Plant Dis.86: 1179.

126. Hsieh, H. J. (1978). Notes on new records of host plants of Botrytis cinerea Pers. ex Fr. In Taiwan. Plant Prot. Bull. 20: 369-376.

127. Hsieh, H. J. (1979). Notes on new reocrds of host plants of Botrytis cinerea Pers. ex Fr. inTaiwan (II). Plant Prot. Bull. 21: 365-367.

128. Hsieh, H. J. (1983). Notes on host plants of Cephaleuros virescens new for Taiwan. Bot Bull. Academia Sinica 24: 89-96.

129. Hu, Y. (1996). Flora Fungorum Sinicorum Vol.4 Meliolales (1) Published by Science Press.270 pp.

130. Jones, R. K., and Denson, D. M. (2001). Diseases of woody ornamentals and trees in nurseries. The American Phytopathological Society Press. 482 pp.

131. Kerr, A. and P. G. Brisbane. (1983). Agrobacterium. Pages 27-43 in: P. C. Fahy, and G. J. Per- sley, eds. Plant bacterial diseases, a diagnostic guide, Academic Press, Australia.

132. Kishi, Y. (1995). The pine wood nematode and the Japanese pine sawyer. Thomas Company, Tokyo, Japan, 302 pp.

133. Lin, N. S., Y. R. Jair, T. Y. Chang and Y. H. Hsu. (1993). Incidence of bamboo mosaic potex- virus in Taiwan. Plant Dis. 77: 448-450.

134. Lo, T. C., D. W. Chen and J. S. Huang. (1966). A new disease (bacterial wilt) of Taiwan giant bamboo. Bot. Bull. Acad. Sinica 7(2): 14-22.

135. Mamiya, Y. (1983). Pathology of the pine wilt disease caused by Bursaphelenchus xylophi- lus. Annu. Rev. Phytopathol. 21: 201-220.

136. Partridge, D., Canfeild, E.R., Chacho, R. J. (1977). Forest pathology outline. University of Idaho.236 pp.

137. Skerman, V. B. D., V. McGowan and P. H. A. Sneath. (1980). Approved lists of bacterial names. Int. J. Syst. Bacteriol. 30: 225-420.

138. Sawada, K. (1959). Descriptive Catalogue of Formasan Fungi, Part 11. Coll. Agr. National Taiwan Univ. Spec. Publ., No.8, 268 pp.

139. Tattar, T. A. (1978). Diseases of shade trees. Academic Press. 361.

140. Wang, W. Y. (1994). Mycoplasmalike organisms associated with the witches broom disease of *Kanehirai Azalea*. Bull. Taiwan For. Res. Inst. 9: 267-270.

141. Yamamoto, W. (1941). Formosan Meliolineae V. Trans. Nat. Hist. Soc. Formosa 31: 125-137.

142. Yamamoto, W. and T. Ito. (1936). On the brown cubical rot of Chamaecyparis obtusa var. formosana Hayata. Ann. Phytopath. Soc. Japan 5: 293-308.

國家圖書館出版品預行編目資料

樹病學/張東柱、傅春旭著. ──初版.──臺
北市:五南圖書出版股份有限公司, 2017.09
　面；　公分
ISBN 978-957-11-9332-8(平裝)
1.樹木病蟲害
436.34　　　　　　　　　106013514

5N12

樹病學

作　　　者 ―	張東柱、傅春旭
發 行 人 ―	楊榮川
總 經 理 ―	楊士清
總 編 輯 ―	楊秀麗
主　　　編 ―	李貴年
責任編輯 ―	何富珊

出 版 者 ― 五南圖書出版股份有限公司

地　　　址：106台北市大安區和平東路二段339號4樓

電　　　話：(02)2705-5066　　傳　　　真：(02)2706-6100

網　　　址：https://www.wunan.com.tw

電子郵件：wunan@wunan.com.tw

劃撥帳號：01068953

戶　　　名：五南圖書出版股份有限公司

法律顧問　林勝安律師事務所　林勝安律師

出版日期　2017年 9 月初版一刷
　　　　　2021年10月初版二刷

定　　　價　新臺幣550元

※版權所有·欲利用本書內容,必須徵求本公司同意※

五南
WU-NAN

全新官方臉書

五南讀書趣

WUNAN
Books
since1966

Facebook 按讚

👍 1秒變文青

f 五南讀書趣 Wunan Books 🔍

★ 專業實用有趣
★ 搶先書籍開箱
★ 獨家優惠好康

不定期舉辦抽獎
贈書活動喔！！！

經典永恆・名著常在

五十週年的獻禮 —— 經典名著文庫

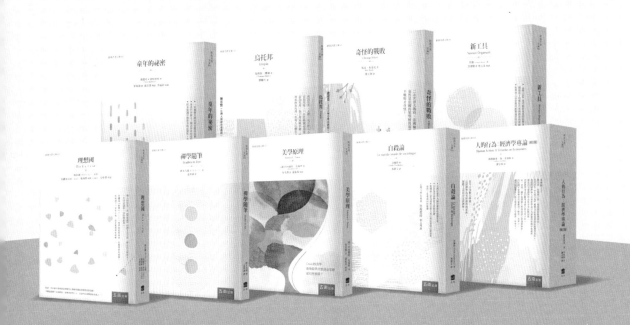

五南，五十年了，半個世紀，人生旅程的一大半，走過來了。

思索著，邁向百年的未來歷程，能為知識界、文化學術界作些什麼？

在速食文化的生態下，有什麼值得讓人雋永品味的？

歷代經典・當今名著，經過時間的洗禮，千錘百鍊，流傳至今，光芒耀人；

不僅使我們能領悟前人的智慧，同時也增深加廣我們思考的深度與視野。

我們決心投入巨資，有計畫的系統梳選，成立「經典名著文庫」，

希望收入古今中外思想性的、充滿睿智與獨見的經典、名著。

這是一項理想性的、永續性的巨大出版工程。

不在意讀者的眾寡，只考慮它的學術價值，力求完整展現先哲思想的軌跡；

為知識界開啟一片智慧之窗，營造一座百花綻放的世界文明公園，

任君遨遊、取菁吸蜜、嘉惠學子！